高等职业教育“十四五”规划教材

宠物皮肤病与营养代谢病

黄名英　罗丹丹　主编

中国农业大学出版社
·北京·

内 容 简 介

本书包含皮肤病基础(皮肤病的基本结构和生理、皮肤病变的描述)、皮肤病的诊断流程(基本信息、病史、体表检查、鉴别诊断、检查项目、治疗计划等)、常见皮肤病采样及检查方法(梳毛、拔毛、皮肤刮片、直接压片、透明胶带等)、寄生虫性皮肤病(跳蚤、虱、蜱虫、蠕形螨、疥螨、耳痒螨等)、传染性皮肤病(真菌性皮肤病、细菌性皮肤病、病毒性皮肤病)、过敏性与超敏性皮肤病、内分泌性皮肤病、免疫与自身免疫性皮肤病、其他皮肤病、营养代谢病、中毒病等11章内容。本书内容在编写上以实用性、操作性为主,兼用图片来说明。

图书在版编目(CIP)数据

宠物皮肤病与营养代谢病 / 黄名英,罗丹丹主编. —北京:中国农业大学出版社,2020.6(2024.1 重印)

ISBN 978-7-5655-2377-9

Ⅰ.①宠… Ⅱ.①黄…②罗… Ⅲ.①宠物-动物疾病-皮肤病-诊疗-高等职业教育-教材②宠物-动物疾病-代谢病-诊疗-高等职业教育-教材 Ⅳ.①S858.93

中国版本图书馆 CIP 数据核字(2020)第 111181 号

书　　名 宠物皮肤病与营养代谢病
作　　者 黄名英　罗丹丹　主编

策划编辑	康昊婷	**责任编辑**	田树君　许晓婧
封面设计	郑　川		
出版发行	中国农业大学出版社		
社　　址	北京市海淀区圆明园西路 2 号	**邮政编码**	100193
电　　话	发行部 010-62733489,1190		读者服务部 010-62732336
	编辑部 010-62732617,2618		出　版　部 010-62733440
网　　址	http://www.caupress.cn	**E-mail**	cbsszs @ cau.edu.cn
经　　销	新华书店		
印　　刷	北京鑫丰华彩印有限公司		
版　　次	2020 年 9 月第 1 版　　2024 年 1 月第 3 次印刷		
规　　格	787×1 092　　16 开本　　9.75 印张　　240 千字		
定　　价	35.00 元		

图书如有质量问题本社发行部负责调换

编写人员

主　编　黄名英（成都农业科技职业学院）
　　　　罗丹丹（成都农业科技职业学院）

副主编　傅安静（成都农业科技职业学院）
　　　　郑永丰（成都农苑动物医院）
　　　　周　谧（乐山职业技术学院）

参　编　朱家成（成都农苑动物医院）
　　　　林　杰（成都农苑动物医院）
　　　　伍　销（成都农苑动物医院）
　　　　杨秀英（成都农苑动物医院）
　　　　项　磊（成都萌卫动物医院）
　　　　杨　霞（成都农业科技职业学院）
　　　　潘祥羽（成都农业科技职业学院）
　　　　杨冬芸（成都农业科技职业学院）

前　言

世界各国大都有饲养宠物的习惯，近年来，随着我国经济的不断发展和人均收入的提高，人们的消费水平也逐渐增长，我国宠物饲养的数量逐年增加，这促进了宠物行业的迅速发展。我国宠物行业发展分为萌芽阶段（1990—1999 年）、起步阶段（2000—2009 年）、高速发展阶段（2010—2020 年）和成熟阶段（2020 年以后），现在宠物行业已进入高速发展阶段。整个宠物行业逐渐规范化、产业化，宠物医疗也在不断发展和进步，我们编写这本书也是为了满足日益增长的宠物医疗方面的需要。

本书适用于宠物临床诊疗的初学者；很多高职院校已将宠物皮肤病列为宠物临床诊疗技术专业的核心课程，故本书也可用作宠物及其相关专业的课程教材。书中主要介绍了宠物皮肤病的基础知识、临床中常见的皮肤病等。党的二十大报告指出，教育、科技、人才是全面建设社会主义现代化国家的基础性、战略性支撑。人才的成长离不开行业的支持，为了适应行业发展，本书采取校企合著方式，紧扣行业现状和发展趋势，文字简洁，图文并茂，图片主要来自临床，内容通俗易懂，深入浅出，突出实践性和应用性。

本书一共 11 章，其中一至三章为皮肤病基础知识；四、五章为寄生虫性皮肤病和传染性皮肤病，描述的是临床中最常见的犬猫皮肤病；六至九章分别是过敏、内分泌、免疫等方面的皮肤病，这些病相对来说在临床中发病率稍低；十、十一章是营养代谢病和中毒病。一至五章主要由黄名英编写，郑永丰、朱家成、林杰协助完成；六至九章主要由傅安静编写，伍销、杨秀英协助完成；十、十一章主要由罗丹丹、周谧编写，潘徉羽、项磊、杨霞、杨冬芸协助完成。在此感谢编写组所有的老师和出版社编辑老师的辛苦付出。

由于时间仓促，书中不足之处敬请广大读者和同行批评指正！

编　者

2023 年 12 月

目录 CONTENTS

HAPTER 1

第一章　皮肤病基础

第一节　皮肤的基本结构和生理

皮肤是机体最大的器官，也是最重要的器官之一。不同种群、不同品种动物全身皮肤的厚度不同，犬的皮肤厚度为0.5～5 mm，猫的皮肤厚度为0.4～2 mm。有毛的背部和体侧皮肤最厚，腹部皮肤最薄。不同区域的皮肤，如耳朵、眼睑、包皮、脚垫和指甲都有着不同的功能和特殊的结构。皮肤的颜色与动物品种密切相关。

皮肤由数层细胞、皮脂腺、血管、神经末梢和毛囊（生长毛发）构成（图1-1）。皮肤基本结构分为表皮层、真皮层和皮下组织。表皮层在皮肤表面，有角质细胞、黑色素细胞、郎格罕细胞、默克尔细胞和细胞间脂质。真皮层有胶原纤维、弹力蛋白纤维、基质、附属结构（毛囊、皮脂腺、汗腺），以及皮肤血管、淋巴管和神经。皮下组织有脂肪组织、血管和神经。皮肤细胞形成层，即坚韧的外层（表皮层）和深层（真皮层），已经角质化的细胞组成角质层，脱落后就成为皮屑。真皮层比表皮层厚，有丰富的血管和神经。

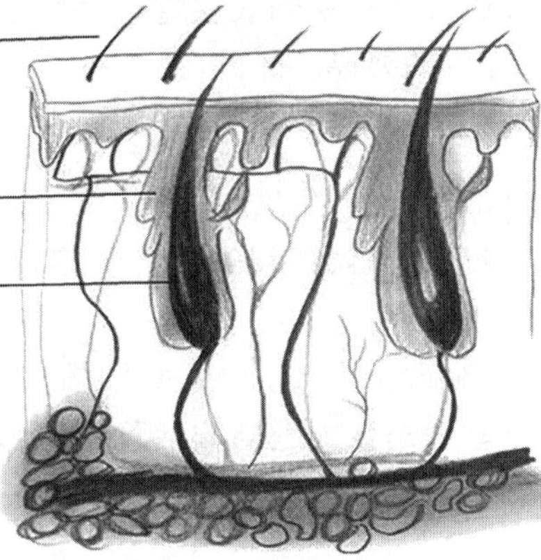

图1-1　犬的皮肤结构

皮肤有屏障功能，能保护机体不受外界（物理、化学和生物因素）的损害，能有效抵御寄生虫和自然环境的损伤。皮肤能感知热、冷、痛、痒和压力，维持体温，维持身体的内稳态，防止水分和其他成分的流失。由于皮肤在身体外侧，易接触到外界环境，因而也易受伤和患病。皮肤一般都较容易观察，所以检查过程中容易发现皮肤问题。

一、表皮结构

超过90％的表皮细胞由有核（将进一步进化为无核细胞）和完全角质化细胞组成。其他细胞类型包括黑色素细胞和郎格罕细胞。

表皮细胞主要由角蛋白构成，由内向外分为4层结构：基底层、棘皮层、颗粒层和角质层

(图 1-2)。因最后一层已完全角质化,因此构成该层的细胞称为终末期角质细胞。

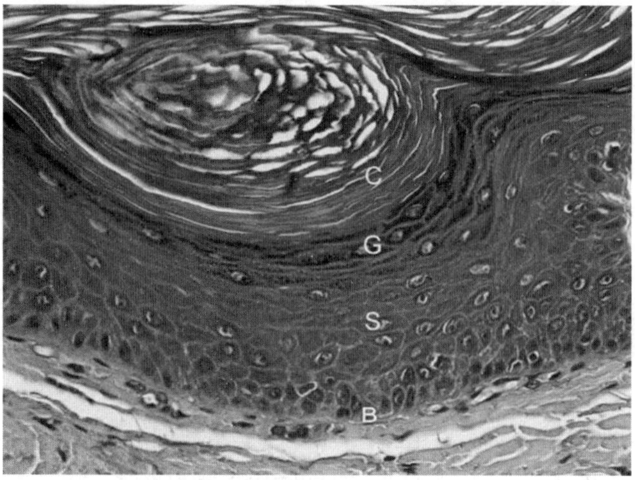

图 1-2　表皮的 4 层结构(Lluis Ferrer)

B:基底层　S:棘皮层　G:颗粒层　C:角质层

表皮由老细胞构成,形成坚韧、几乎不透水的保护性外屏障。随着外层细胞的磨损脱落,其他细胞成熟后移到表层进行替代。表皮厚度不一。暴露部位如头、背部的表皮比腋窝和腹部等部位的要厚。

1.基底层

基底层是表皮的生发层,与基底膜直接接触。基底细胞是角质细胞中最小的细胞,也是皮肤样品中最不易观察到的一类细胞。基底细胞组织形态呈立方形,但刮片形态学观察却呈圆形。

基底细胞大小为 8～10 μm,圆核,有时候有单个细胞的核仁,高核质比,细胞核大而深蓝染,区分基底角化细胞与非活化组织细胞具有一定难度:细胞核与细胞质之间有一个薄而清晰的光环,细胞多成簇排列,细胞质松散、深染,见图 1-3。

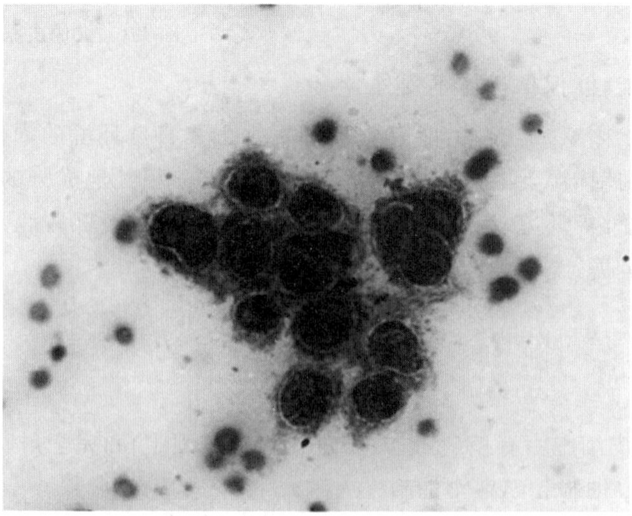
图 1-3　基底细胞(Lluis Ferrer)

2. 棘皮层

棘皮层又称棘层、肌细胞层，福尔马林固定后此层具有棘突的外观，含有很多桥粒和角蛋白丝，偶尔有郎格罕细胞出现。

棘层细胞比基底细胞更大，更易观察到。为大体积多边形细胞，边缘角度锐利，细胞核呈圆形至卵圆形，位于细胞中央。核质比与基底细胞相比值更低。细胞质大而多色，从淡粉色到天蓝色，甚至蓝黑色，见图 1-4。

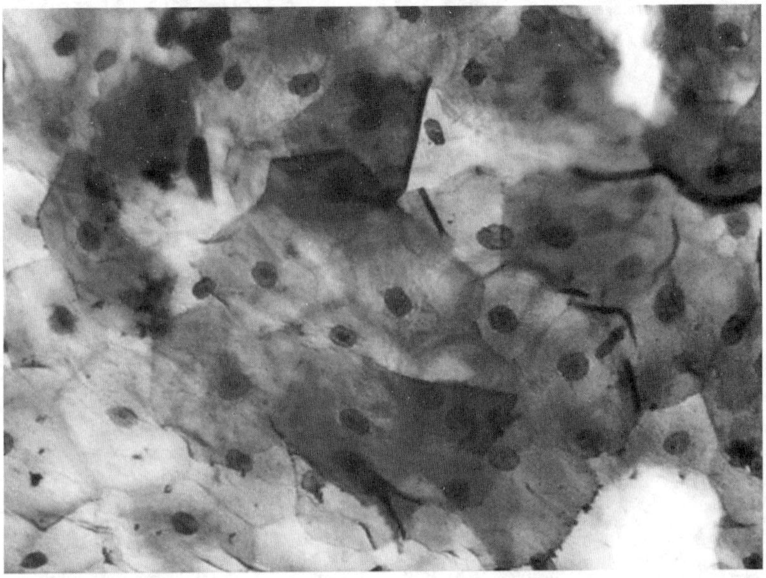

图 1-4　棘层细胞(Lluis Ferrer)

3. 颗粒层

颗粒层的细胞从立方变为扁平，称为颗粒细胞。之所以叫作颗粒细胞，是因为其内含有各种大小、圆形的胞浆内透明角质颗粒，这些颗粒用罗曼诺夫斯基(Romanowsky)染色后呈嗜酸性细胞色，粉红色颗粒易与其他任何细胞类型的颗粒、染料、微生物相辨识，见图 1-5。

颗粒细胞可以在皮肤角质细胞中看到，其大小不一，形状为多边形，核质比低。

4. 角质层

角质层是表皮完全角化层，角质层细胞是表皮正常角化过程的结果，完全变角化后失去了细胞核，故称为角化细胞。角化细胞的形态多变，从较大的多边形、扁平形、边缘锐化的无核细胞(图 1-6，图 1-8)，到具有深蓝染的针状或纸草状外观的细胞(图 1-7)。表皮细胞不断脱落和更新，新的细胞在基底层上形成，并移行到达皮肤表面，正常犬是 22 d。也有一些角质化异常的状

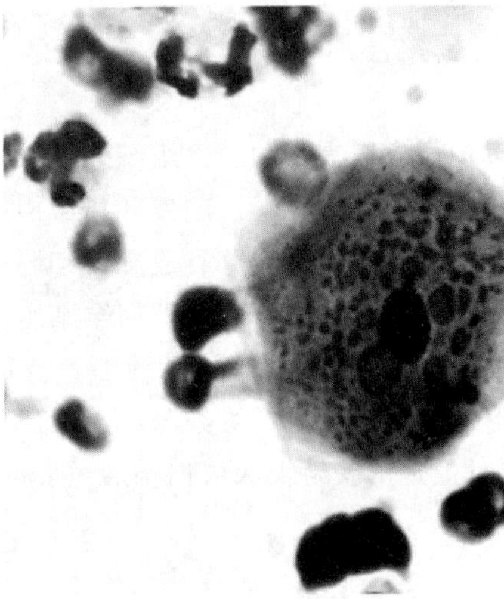

图 1-5　颗粒细胞(Lluis Ferrer)

况，如图 1-9 和图 1-10 所示。

角化细胞的着色差异：从无色到粉色、紫色、蓝色。不仅仅取决于单位细胞中存在的角蛋白含量，也取决于神经酰胺、鞘氨醇和胆固醇的溶解失败。这些脂质膜的正常成分构成了皮肤屏障，过多的脂质能降低或抑制染料进入细胞。

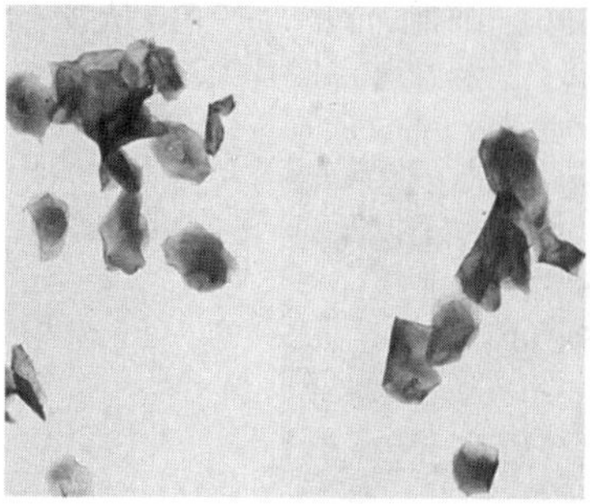

图 1-6　边缘锐化的角化细胞
(Lluis Ferrer)

图 1-7　深蓝染的针状角质细胞

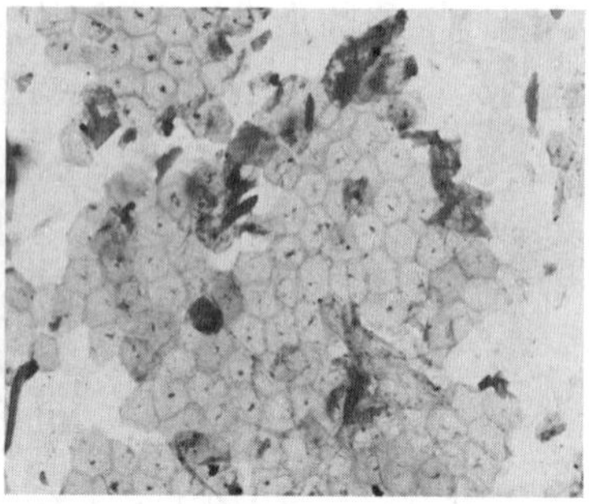

图 1-8　成片状的角质细胞
(Lluis Ferrer)

图 1-9　犬鼻角质化障碍(一)

图 1-10　犬鼻角质化障碍(二)

二、真皮层

真皮层位于表皮和皮下组织之间。含有毛囊、血管、神经和皮脂腺。毛囊和皮脂腺在背部的分布比腹部要广泛。毛发和指甲由一种被称为角质的坚硬物质构成。

正常真皮中细胞成分有成纤维细胞、巨噬细胞、肥大细胞、组织细胞、淋巴细胞及少量真树皮突状细胞、噬黑素细胞、郎格罕细胞。纤维细胞是无活性的成纤维细胞，有长形细胞核，明显的嗜碱性尾状细胞质，见图 1-11。成纤维细胞也呈纺锤状，看上去像星形或触丝状，核从圆形到卵圆形。成纤维细胞/纤维细胞是最有可能从损伤的炎性皮肤涂片中检测到的细胞，同时也是皮肤组织深层损伤后主要的组织修复细胞。

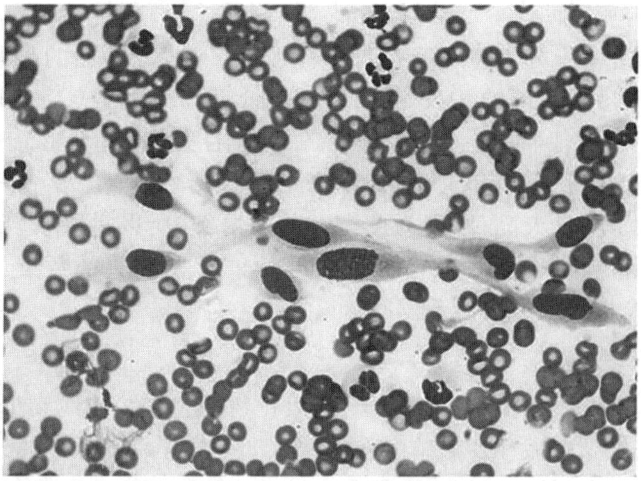

图 1-11　成纤维细胞的形态：纺锤状细胞，长形的细胞核和边界不清晰的尾状细胞质(Lluis Ferrer)

三、毛发及毛囊

(一)毛发

1.毛发的类型

犬猫身上有主毛和次毛，还有第三种类型的毛发胡须，也称触毛，能帮助犬猫感知周围环境。所有犬都有较短的次毛和较长的主毛，但年龄和品种影响主毛和次毛的比例。

主毛，也叫被毛、护毛、针毛、初级毛、外毛或外层毛，是较长、较硬的外层毛发，大多数幼犬会在6～8个月时长出粗糙的、较长的、偶尔呈深色的主毛。

次毛，也叫底毛、细软绒毛、下层绒毛，是短的蓬松毛发。刚出生的幼犬没有主毛，皮肤覆盖有短小、柔软、有时像羊毛的毛发，主要成分是由一系列氨基酸经肽键结合成链状结构的蛋白质。有时幼犬的毛发和成年犬毛发颜色相同，但也有些幼犬，比如大麦町，刚出生时皮毛较淡，毛发纯白，日后慢慢出现黑色斑点。

犬猫身上的主毛和次毛都是有髓毛发，胎毛是指无髓质的毛发，因此“胎毛”一词用在非胎儿期的犬猫身上不太准确。

猫的次毛远远多于主毛(背部10∶1，腹部24∶1)。猫的毛发从外观分3类：护毛(最粗，毛直，毛尖渐细)、芒毛(较细，接近毛尖处略略肿胀)、柔毛(最细，均匀弯曲)。总之，毛囊的形状决定了毛发的弯曲程度，直的毛囊生成笔直的毛发，卷曲的毛囊生成卷曲的毛发。

毛发的直径取决于毛基质上皮，毛发的长度取决于毛根生长的速度和毛发生长初期的持续时间。各品种及个体的毛发生长速度存在差异。昼长、激素、室外平均温度和营养等因素也可能影响毛发的生长。不同品种的毛发长度、颜色和质地各不相同。毛发差异的主要原因是主毛和次毛的比例以及毛发质地的不同。

目前有人已经设定德国牧羊犬、威尔士柯基犬为标准毛发品种，其主毛伴随很高比例的次毛，单位重量不大。与标准毛发品种相比，下面的两类毛发也是由主毛和次毛组成，但是毛发的粗细和密度有所不同。

短毛品种，可以进一步分为粗短毛犬和细短毛犬。毛发短而粗的品种，例如罗威那犬和许多㹴犬类，主毛的比例高于标准毛发，重量和密度低于标准毛发。毛发短而细的品种，例如拳师犬、腊肠犬和杜宾犬，他们的毛发密度是最高的，次毛发育很好但主毛的直径却相对减少。

长毛品种，可分为细长毛犬和粗长毛犬。细长毛犬，例如可卡犬、博美犬和松狮犬，其毛发重量高于标准（除了玩具犬品种，因为此类犬的毛更细，所以重量较轻）。粗长毛犬，例如贵宾犬、贝灵顿㹴犬和凯利兰㹴犬，次毛占了70%的重量和80%的数量，与短毛犬相比其毛发直径更大。此类犬相对不易发生毛发脱落。

2.毛发的作用

（1）屏障作用。毛发有保护身体的作用，是阻止物理、化学、光线和微生物侵害机体的屏障，使其免受或减少外界机械性及病菌的伤害。

（2）调节体温。毛发可以通过长度、厚度和密度的改变，以及髓质的形成过程帮助调节体温。夏季毛发能够向体外散发热量，冬季可以使身体保持一定的温度。一般来说，质地细长、髓质少的毛发，再加上竖毛肌增加毛根深度的作用，就能让动物很好地适应寒冷的气候。颜色和光泽的变化也能够调节温度和隔绝光线，浅色毛使动物更容易适应高温，光亮的被毛可以更好地反光，减少热量吸收。

（3）感知和其他功能。毛发具有一定的感知功能，比如胡须，能帮助犬猫感知周围环境。同时毛发还有美化动物体表，吸引大众喜爱的作用。

（二）毛囊

毛囊在出生前就已经形成，出生后不会再形成新的毛囊。准确地说，毛发在幼犬的生长过程中不会失去，而是会逐渐获得更多成年犬的毛发。幼犬在12周龄之前会从单一毛囊内长出次毛。所有毛囊都会与表皮形成30°～60°角，使毛发倾斜生长。不同区域的毛倾斜的角度略有不同，从而自然形成毛束。但是毛束的真正意义和形成原因尚不清楚。毛发的倾斜可以减少运动阻力，同时还有排水作用，使水不易浸润身体，这也是毛发隔热作用的一种体现。

每根毛发都是从皮肤上的一个简单小口里长出来的，这就是毛囊。幼犬出生时毛囊已经存在，以后毛发的差异和变化都是由毛囊的变化导致的。毛囊产生的每一个毛干最终会枯萎，然后被毛囊产生的新毛干移除并取代。毛囊基本处于静止状态。

（三）毛发的生长周期

毛发是周期性生长，和人类的眉毛相似，但不会不停地生长。毛发周期却在不停地循环往复，见图1-12，每个循环都是由生长期、中间期和终止期组成。

第一个阶段是生长期，这个时期毛囊非常活跃地生发毛发，主要表现为真皮乳头内的细胞通过有丝分裂生成毛发。新生毛发长在旧毛发的位置，旧毛发依次脱落。

第二阶段是中间期，这是生长期和终止期之间的中间过渡阶段。生长毛球部位发生收缩，毛囊末端收缩使毛囊变粗和起皱，推动毛发向外移动。

第三阶段是终止期，调息阶段，此时的毛囊基本处于休止状态，真皮乳头分离，上皮束缩短为再发性胚芽，毛囊中是即将脱落的死毛（或棒状毛）。

毛发生长是一个不断循环的过程，毛发生长循环主要是指对毛囊生长初期的反复诱发。

毛囊诱导、发展、复原、再激活的信号尚未明确，但是在毛囊和外周的间充质已发现多个生长因子及其受体。在毛囊培养的研究中发现，这些生长因子能控制细胞增殖和胶原蛋白酶释放。此外，Ⅰ型重要组织相容复合物(MHC)、软骨素蛋白聚糖和激活的巨噬细胞三者之间的相互作用会调节毛发生长，尤其明显影响毛发生长的中间期。

动物各个毛囊所处的时期并不一致，不然我们就会经常看到光溜溜的动物了。每个品种的犬猫都会持续不断地脱掉旧的、枯死的毛发，然后长出新的毛发替代。脱毛的程度和速度是由多种因素控制的，机制也非常复杂。

影响毛发生长周期的因素常有：年龄、品种(基因)、营养、激素、神经、光照、性别、温度、过敏、身体部位，以及其他生理和病理等。另外也与毛囊内的生长因子和细胞因子、真皮乳突和其他细胞(淋巴细胞、巨噬细胞、成纤维细胞、肥大细胞)有密切关系。

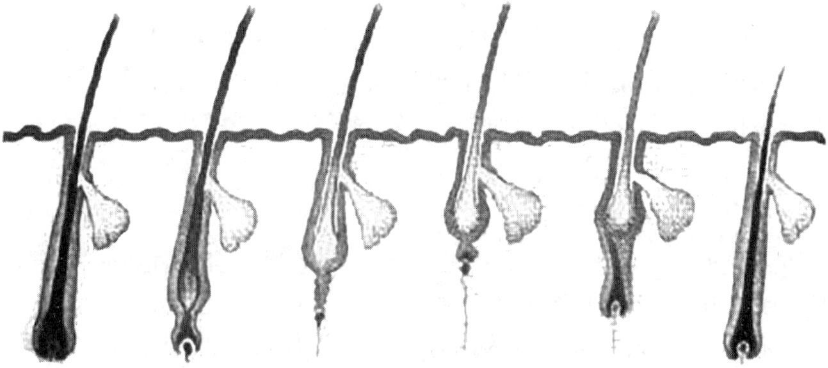

图 1-12　毛发生长的不同阶段(刘欣)

注：a. 生长期：真皮乳突内的细胞通过有丝分裂生成毛发。b. 中间期的早期：毛球(hair bulb)部位发生收缩，毛球以上将会变为“棒状”。c. 中间期，毛发生长的过渡阶段，毛囊末端收缩使毛囊变粗和起皱，推动毛发向外移动。d. 终止期：是毛囊的休止阶段。真皮乳突分离，上皮束缩短为再发性胚芽。e. 生长期的早期：再发性胚芽向下生长，包裹住真皮乳突，随之形成新的毛球。旧的“棒状毛”脱落。f. 生长期：新的毛发继续生长。

1. 光照

室外犬猫一般在季节转换时的几周内脱毛，大多数在春秋两季。通常在秋季长出更多的次毛，用来保暖。春季脱掉次毛，换成较长的主毛。皮毛的外观和质地会发生变化，但是毛囊和毛发的绝对数量保持不变。许多室内饲养的犬猫因为接触人工光线，易产生全年持续性脱毛。触须等窦性毛，有神经功能，不会随季节脱落。

光周期的变化对毛发生长周期影响很大，北半球且纬度高的地区的犬猫会表现明显的春秋季脱毛。在夏季，毛囊的活性最强，毛发的生长速度最快，而冬季相反。这是因为它通过对下丘脑、脑垂体、松果体的影响，调节各种激素(黑色素、促乳素，以及源自性腺的、甲状腺的、肾上腺的激素)水平的变化，而这些激素是改变毛囊内在节律的关键。

2. 品种

毛发生长快慢与品种有密切关系。比如贵宾犬、英国老式牧羊犬和雪纳瑞犬的毛发总是长个不停，因而推测他们毛发周期的生长期较长，但是目前尚未有人对此现象做科学性调查。

3. 毛发营养

毛发主要由蛋白质组成，营养对毛发的数量和质量有着重要影响。营养不良会使毛发黯淡、易脆、干燥、细弱、色素分布异常。

4. 激素

激素影响毛发生长周期和被毛状态。总的来说，甲状腺素和生长素能够促进生长期的出现和加速毛发的生长；过多的糖皮质激素和雌激素会抑制毛发生长期的出现和毛发生长的速度。真皮乳突细胞是一种间充质成分，位于毛球的底部，它们的主要作用是刺激毛囊内的上皮分化。这些细胞是由真皮内的成纤维细胞分化而来，功能和形态均有相应改变。通常认为激素和其他间接刺激信号是将真皮乳突细胞作为靶细胞，再将刺激传至毛囊上皮。

5. 毛发长度

毛发的长度是由所在的身体部位和基因决定的，一旦达到既定长度，毛发就不再生长，毛囊会转入休止状态——终止期，此阶段会保持相当长的时间。这种现象致使不同动物品种的毛发长短各不相同。毛发生长的速度与毛发的长度有关，不同身体部位的毛发长度也不尽相同。

6. 神经

毛发生长还受到神经机制的控制。在毛囊中具有感觉和自律性神经分布，皮肤中的P物质（一种神经介质）和皮肤的神经-肥大细胞触点也展现出对毛发循环的调控。毛囊既是神经营养因子的来源，也是其目标。人为的神经药理操作可以改变毛囊的循环。皮肤内对毛囊生长的神经调节机制具有2个途径，一是调节血管紧张度，二是神经多肽刺激毛囊角质，形成细胞和真皮乳突的成纤维细胞表面受体，来调节巨噬细胞和肥大细胞的活性。实验发现切除犬的毛囊外周神经，就会出现毛发生长迟缓（毛囊萎缩）的现象。

7. 年龄

成年和幼年阶段毛发的变化很大，一般幼年动物毛发生长较快，老年动物生长速度变缓。

8. 疾病期

疾病状态下，生长初期毛囊的维持时间缩短，终止期毛囊的数量增加，终止期毛发容易丢失，因此动物会在疾病中表现为毛发的过度脱落。毛囊的循环活性和周期性脱毛是机体的一种功能，通过这种功能可使动物的毛发更加适应身边的温度或环境。

9. 毛囊周期

毛囊周期的调节和生长非常复杂，细节尚待研究。控制毛囊周期的因素和控制毛囊结构的因素不同。改变了控制毛囊生长周期的因素（例如激素等）会导致毛囊萎缩；改变了控制毛囊结构的因素会导致毛囊发育不良。

剃毛后，标准或短毛犬需要3～4个月重新长好；长毛犬需要18个月重新长好。偶尔会在美容或外科手术后发生剃毛脱毛症，这时的皮肤本身看起来是正常的，但是活组织检查显示毛囊为中间期，少数为终止期。这种毛囊的休止状态会维持6个月到2年的时间，然后毛发才会长出。

毛发的新旧更替呈镶嵌式，因为相邻的毛囊在同一时间处于不同的状态。毛发更替不会受去势手术的影响。

(四)保持毛发健康

宠物拥有健康的毛发是很重要的。毛发失去光泽有很多原因,大多数都很容易修复。不同类型的宠物或特定品种的宠物都有独特的毛发特征,以确保拥有正常的毛发。

1.定期梳理

定期梳理毛发,需要考虑毛发长度,如果宠物毛发较长,就需要更频繁地梳理毛发。经常刷洗宠物有助于除去结团和污垢,还有助于毛发的天然油脂扩散,帮助毛发保持健康光泽。但应小心轻柔梳理,以避免造成疼痛。或者在梳理过程中给予奖励,以提高配合度。

2.合理饮食营养全面

确保宠物获取所需营养。通常饮食不够好时,毛发会受到相应损伤。如果年老宠物开始拒绝吃饭,可能是因为食物对它们的牙齿来说太硬了,可尝试更换柔软食物,观察有无改善。不同宠物可能需要某些特殊食物,尝试使用对宠物有好处的某些品牌食物,并确保了解食物的成分,以满足宠物营养需要。

3.预防皮肤干燥

干性皮肤会使宠物毛发呈现不健康的样子,导致干性皮肤的原因如下:跳蚤引起的瘙痒、劣质洗发液、洗澡太多或不够(品种相关)、Omega-3 脂肪酸缺乏症、皮肤感染寄生虫(如螨虫)等。若在治疗后皮肤仍然干燥,可能存在潜在的一些病因,须查明问题。

4.保持健康

毛发会随着宠物年龄增长而变化。如果宠物变老,健康状况恶化,毛发也会恶化。毛发健康与整体健康是直接相关的。

第二节 皮肤病变的描述

在皮肤病的学习中,皮肤病变的定义和描述对于患病动物的诊断和监测非常重要。在医生与宠物主人的交流过程中,正确使用专业术语对病变进行描述可以让大家在看不到病变的时候也能对病变的样子有所了解,进而更容易地进行交流。

皮肤病学术语,用于全身被毛方面的有:光亮、暗淡、油亮、干燥、阴暗、脆弱、密集、稀少、无色泽等。用于病变分布方面的有:对称性或非对称性,头部、面部、耳廓、鼻背侧、鼻面、颈部、背部、腹侧、躯干、尾巴、足垫等区域,分散、普遍、局部、小范围、片状、区域性等模式。

原发性病变是直接从疾病中产生,最开始发生的,疾病发展过程直接导致的病变。没有因受到创伤(抓伤)而改变,或随时间自然恢复。包括丘疹、脓疱、水泡、大疱、结节、囊肿、斑点、斑块、斑片、风疹块等。

继发性病变是由原发性病变发展而来的,最常见的是由患病动物搔抓、啃咬,或皮肤损伤后感染所致,或由原发性病变消退而来。包括表皮环形脱屑、结痂、糜烂、表皮剥脱、开裂、鳞屑、瘢痕和溃疡等。

一、丘疹

丘疹为局部性、直径<1 cm、固体凸起高出皮肤的实质性损害。感觉坚实，由渗出物或炎性细胞水肿、表皮或真皮细胞成分的局限性增生、真皮局限性细胞浸润、代谢产物的沉积造成。见于多种不同的疾病，常见于跳蚤叮咬、疥螨、浅表细菌性脓皮病、毛囊炎，是皮肤病的基本皮损类型(图 1-13、图 1-14、图 1-15)。

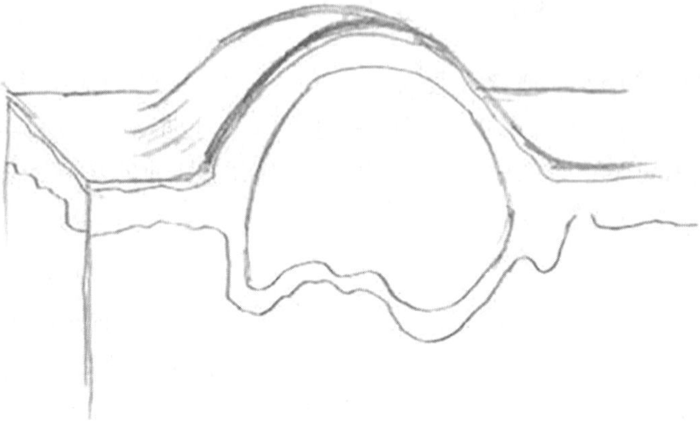

图 1-13　丘疹模式图

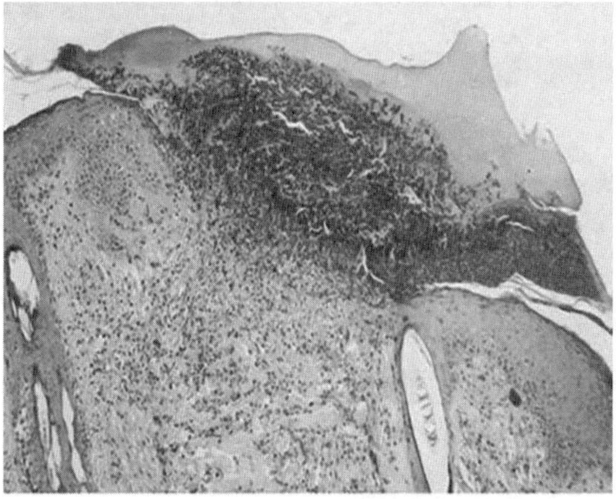

图 1-14　丘疹组织切片(赵博)

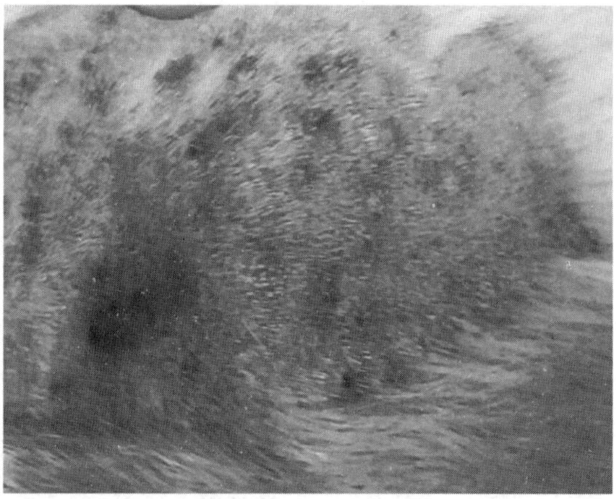

图 1-15　丘疹的病变

二、脓疱

脓疱指皮肤上小的、有界限的表皮隆起，内含有脓液(图 1-16、图 1-17)。因脓液的颜色不同，呈黄色或黄绿色。脓液是机体组织炎症过程中形成的浓稠或稀薄的渗出物，其中包含变性、坏死的白细胞、可含有或不含有细菌、坏死组织碎片和渗出的组织液。常见于细菌感染、嗜酸性毛囊炎(如过敏、寄生虫)、落叶型天疱疮、痤疮、脓皮病(图 1-18、图 1-19)。

脓疱根据脓液内有无细菌、真菌等微生物，可以分为有菌性脓疱和无菌性脓疱。有菌性脓疱,主要由细菌性毛囊炎、痤疮脓疱、疖及疖病、痈、蜂窝织炎、淋巴管炎,创面细菌感染等形成。无菌性脓疱,主要是炎症细胞在局部的聚集,加上崩解的表皮细胞、嗜酸性细胞等形成。

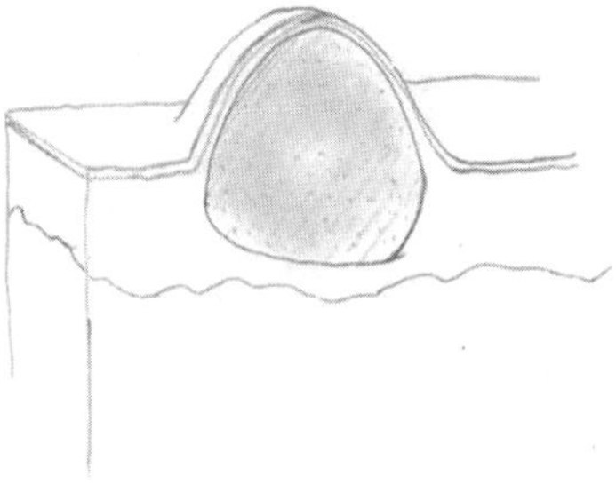

图 1-16　脓疱模式图(一)

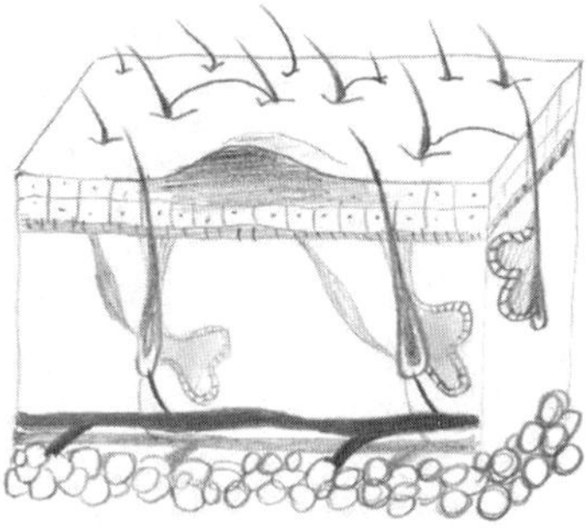

图 1-17　脓疱模式图(二)

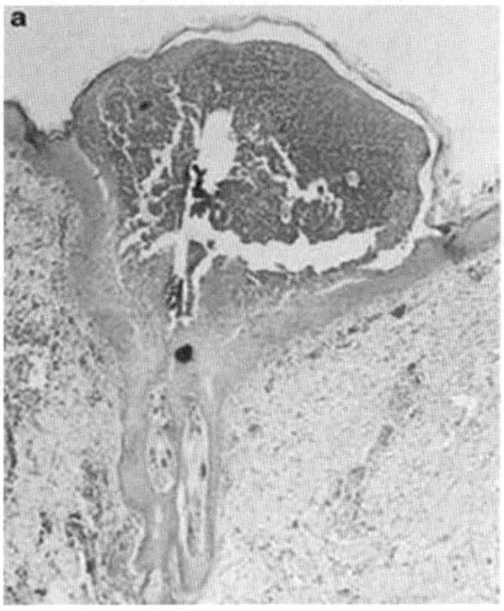

图 1-18　脓疱组织切片(赵博)

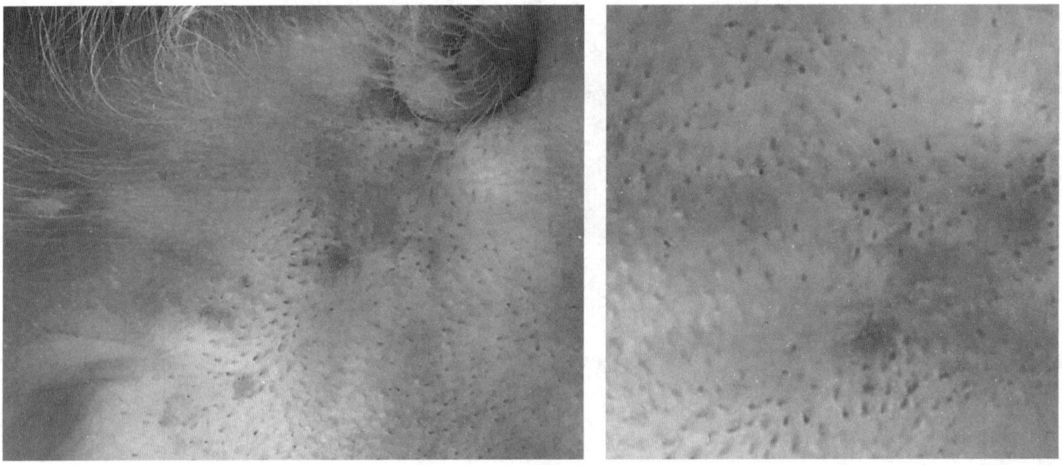

图 1-19　犬皮肤上完整的脓疱

三、结节

结节是可触及的局限性圆形、椭圆形或不规则形的实质性皮肤损害(图 1-20、图 1-21)。结节的形成可以是炎症性或非炎症性,是有界限的固体凸起,可累及表皮、真皮或皮下组织,但直径通常>1 cm,总体来说大小不一,小至粟粒,大如樱桃或更大,互相融合可成为斑块。大的结节可被称为团块。常见于肿瘤、肉芽肿、胶原沉积(图 1-22)。

图 1-20　结节模式图(一)

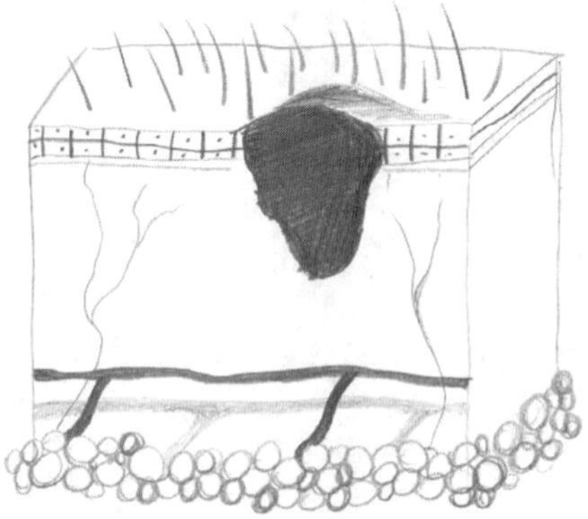

图 1-21　结节模式图(二)

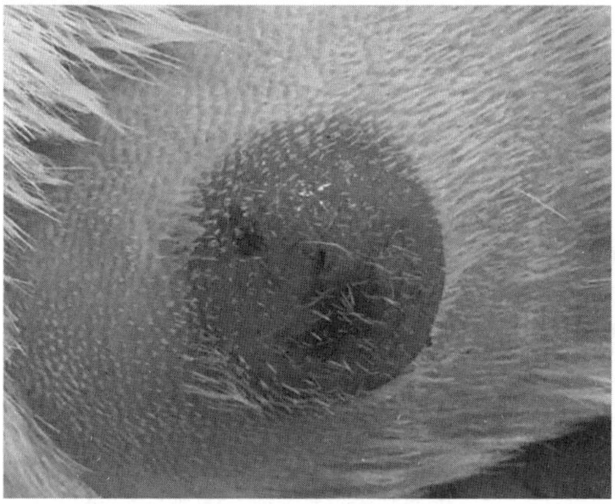

图 1-22　犬皮肤结节

四、糜烂

糜烂指皮肤或黏膜处的浅表性、局灶性缺损而导致腐烂，不穿透基底膜，愈合后不留瘢痕(图 1-23、图 1-24、图 1-25)。

图 1-23　皮肤糜烂模式图

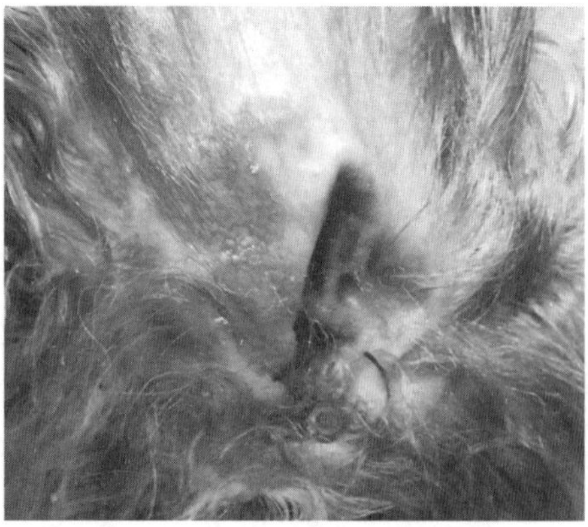

图 1-24　耳廓糜烂

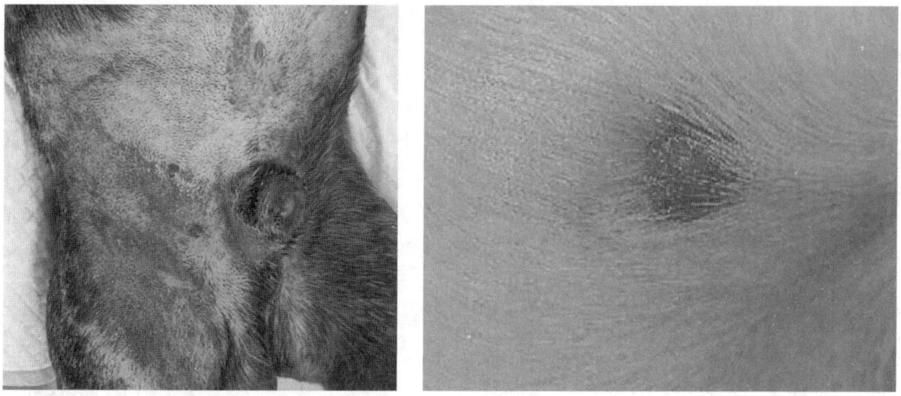

图 1-25　体表糜烂

五、溃疡

溃疡是皮肤表面局灶性的表皮和真皮全层缺失，组织的局限性缺损、溃烂。其表面常覆盖有脓液、坏死组织或痂皮，愈合后有瘢痕，可由感染、外伤、结节或肿瘤的破溃等所致。其大小、形态、深浅、发展过程等也不一致，常合并慢性感染，可能经久不愈(图 1-26、图 1-27)。

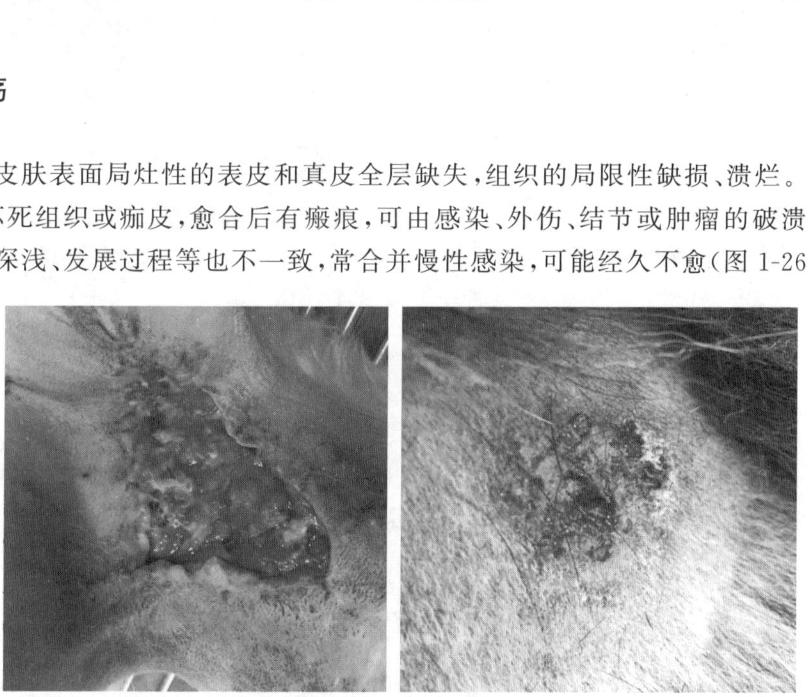

图 1-26　犬皮肤溃疡

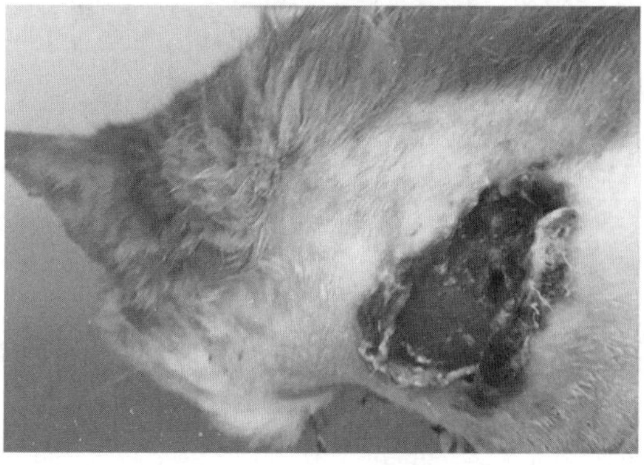

图 1-27　猫皮肤溃疡

六、囊肿

囊肿指含有液体或半固体物质的结节，形态大多为圆形，突出皮肤表皮呈半圆形(图1-28)。包含囊肿、毛囊囊肿、痤疮等(图1-29)。

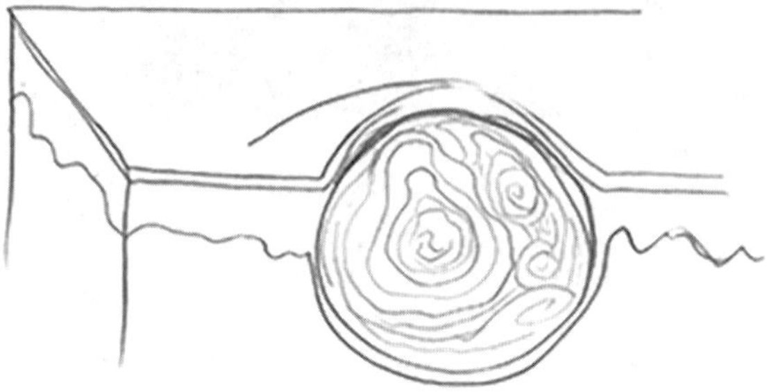

图1-28　囊肿模式图

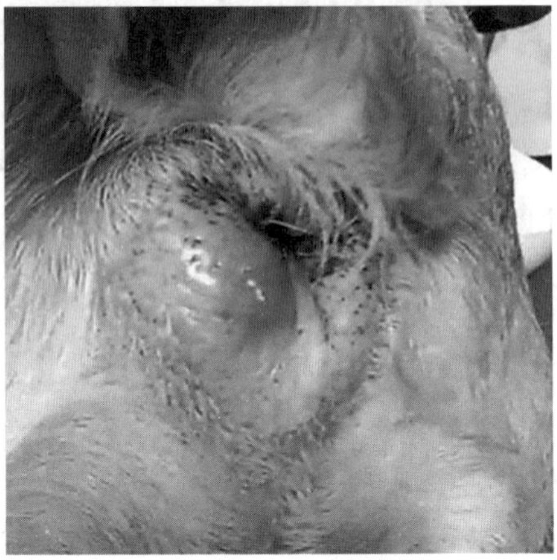

图1-29　犬肛门腺囊肿

七、斑点、斑疹、斑片、斑块

1. 斑点

斑点是皮肤表面夹杂着别种颜色的点子，是一种平的、有界限的皮肤色素异常，通常斑点不高于皮肤表面，直径<1 cm，常见于色素痣、斑点(雀斑)、紫癜、淤点、急性红斑、白癜风等(图1-30)。

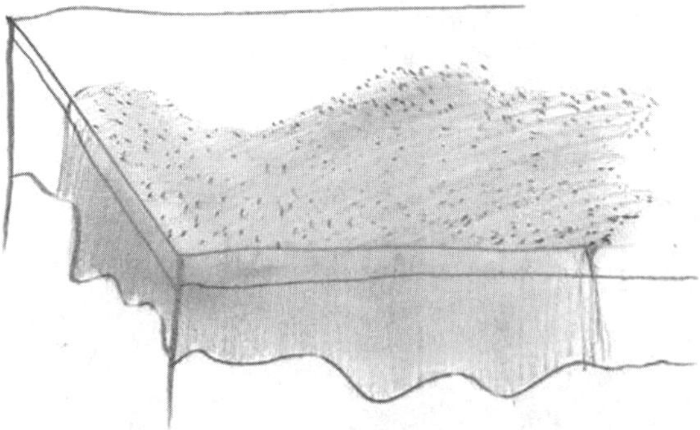

图1-30　斑点模式图

2. 斑疹

斑疹指用手触及不到的皮肤局限性或弥漫性皮色改变，色素沉着增加或减少，是皮肤病症状中最常见的原发损害之一。一般<2 cm，>2 cm者称为斑片。斑疹可以分为炎症性和非炎症性2种(图1-31、图1-32)。

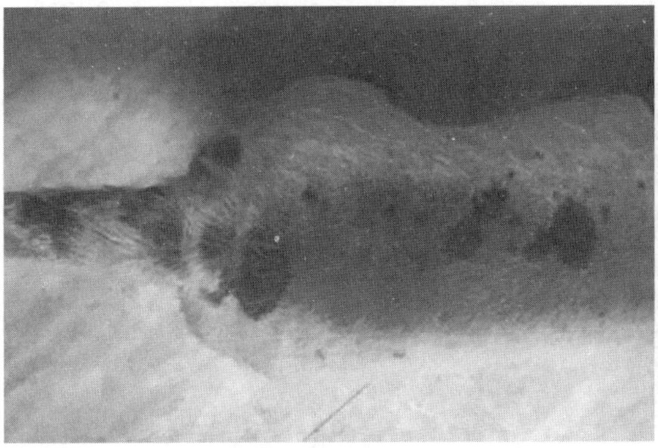

图 1-31　斑疹(一)

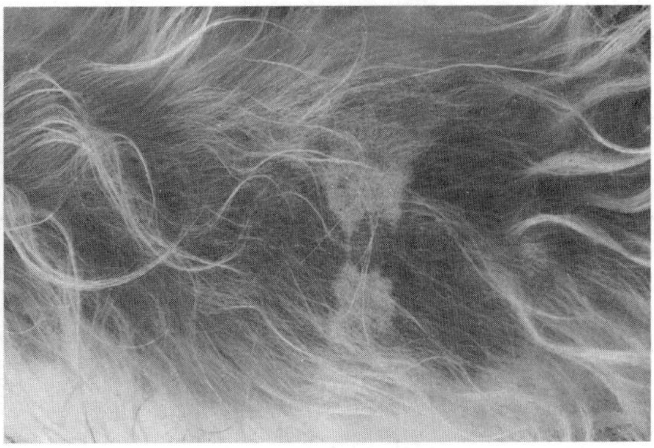

图 1-32　斑疹(二)

3. 斑片

斑片是皮疹的一种类型，即直径>2 cm、局部的、平的皮肤色素沉着变化(图 1-33)。常见于红斑、白斑病、炎症后的色素沉着。红斑是最常见的斑，急性炎症引起的红斑颜色较鲜红，慢性炎症引起的红斑颜色较暗，常伴有色素沉着而带褐色(图 1-34)。

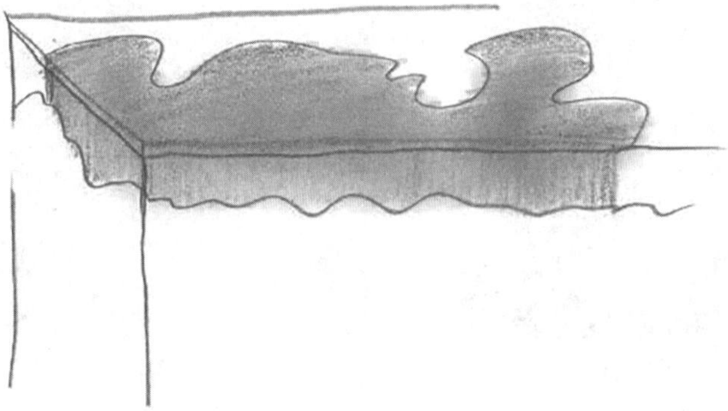

图 1-33　斑片模式图

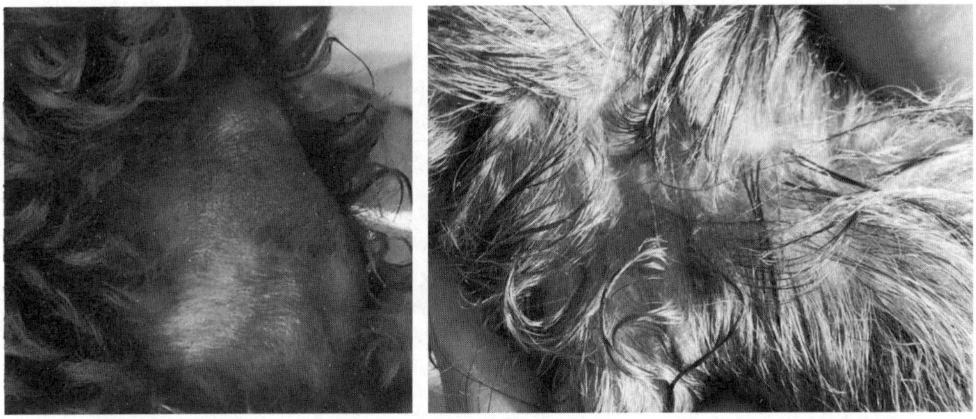

图 1-34　犬皮肤上的红斑

4. 斑块

斑块呈扁平状凸起，是可触及的坚硬隆起，直径＞0.5 cm，是由丘疹扩大或较多丘疹融合而成的大型丘疹（图 1-35、图 1-36、图 1-37）。常见于嗜酸性斑块。

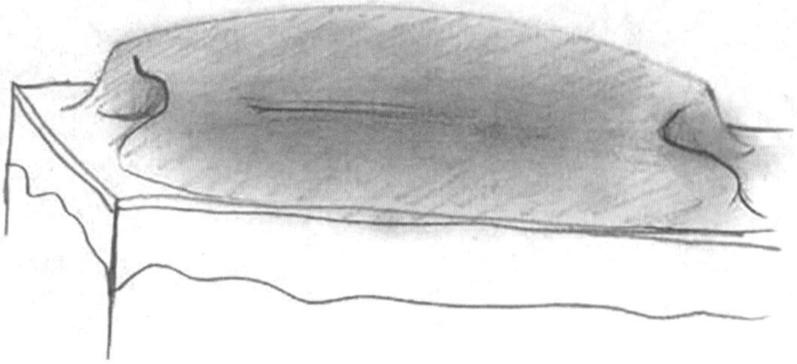

图 1-35　斑块模式图

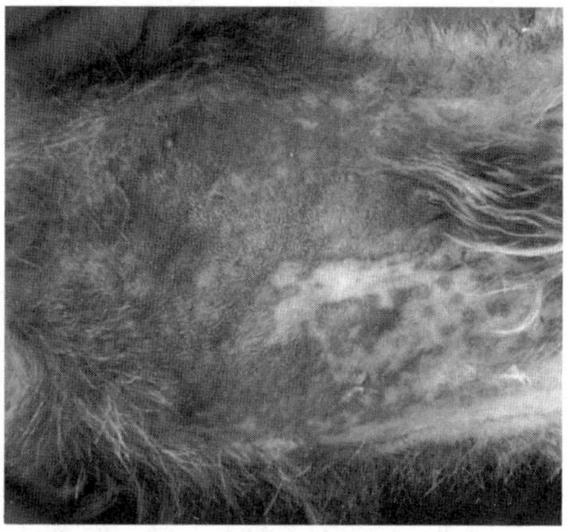

图 1-36　腹部的斑块

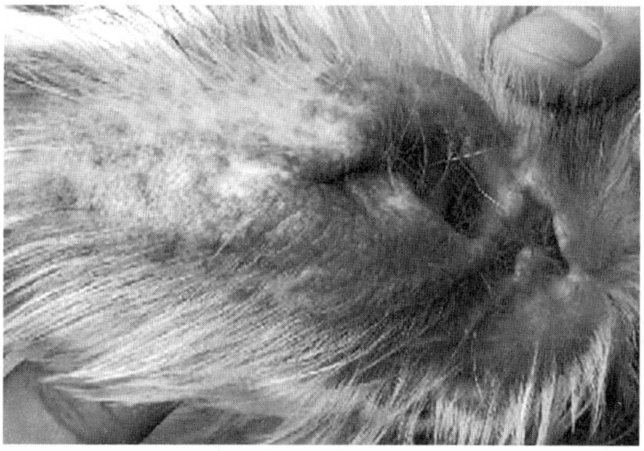

图 1-37　耳廓的斑块

八、水泡、大疱

1. 水泡

水泡呈界限分明的凸起，是一种表皮内或表皮下充满液体的细胞病变。直径＜0.5 cm。常见于病毒性疾病、刺激物、自体免疫性疾病、大疱性表皮松解症等（图 1-38、图 1-39）。

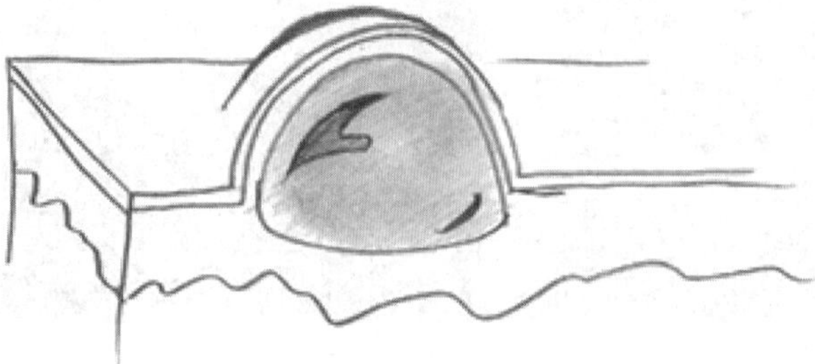

图 1-38　水泡模式图

2. 大疱

大疱为液体大量积聚的一种病变，常延伸到真皮层，内容物为液体，直径＞0.5 cm，比水泡大。常见于自体免疫性疾病、大疱性表皮松解症等（图 1-40）。

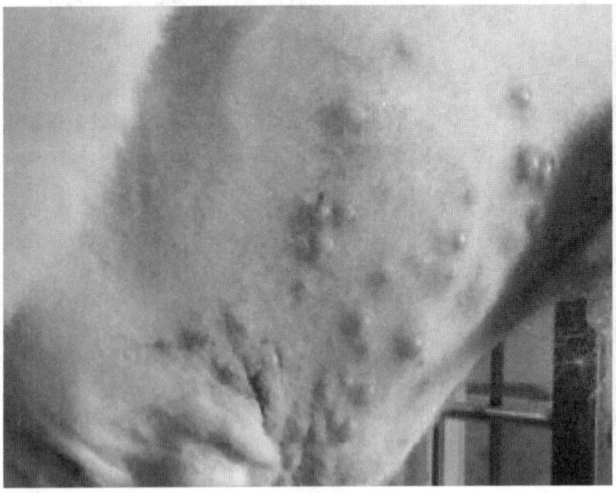

图 1-39　水泡

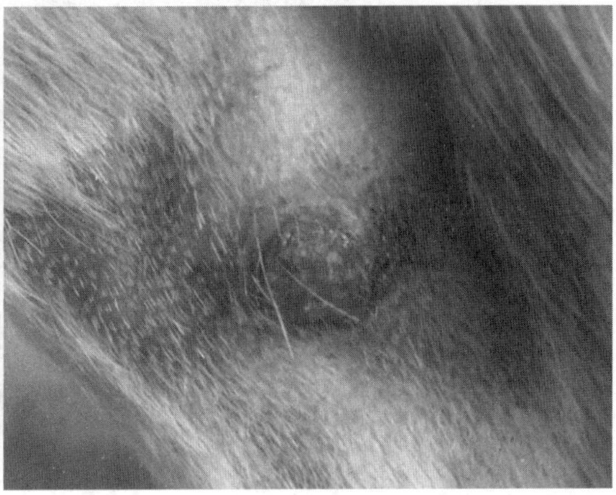

图 1-40　大疱

九、粉刺

粉刺指毛囊口被皮脂和表皮碎屑阻塞引起的一种慢性炎症反应。当滤泡窦口暴露时，碎片会变暗，形成一个“黑头”（图 1-41、图 1-42）。

图 1-41　背部粉刺

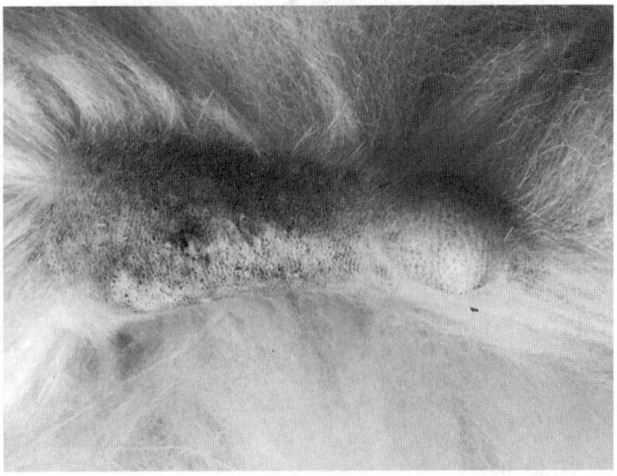

图 1-42　尾部粉刺

十、结痂

结痂指由活组织脱落形成的死组织块。动物结痂一般由细胞与血清、血液、脓或药物的干性渗出物凝结而成，过些时间皮肤上出现一层深红色固体，最后会自动脱落（图 1-43）。

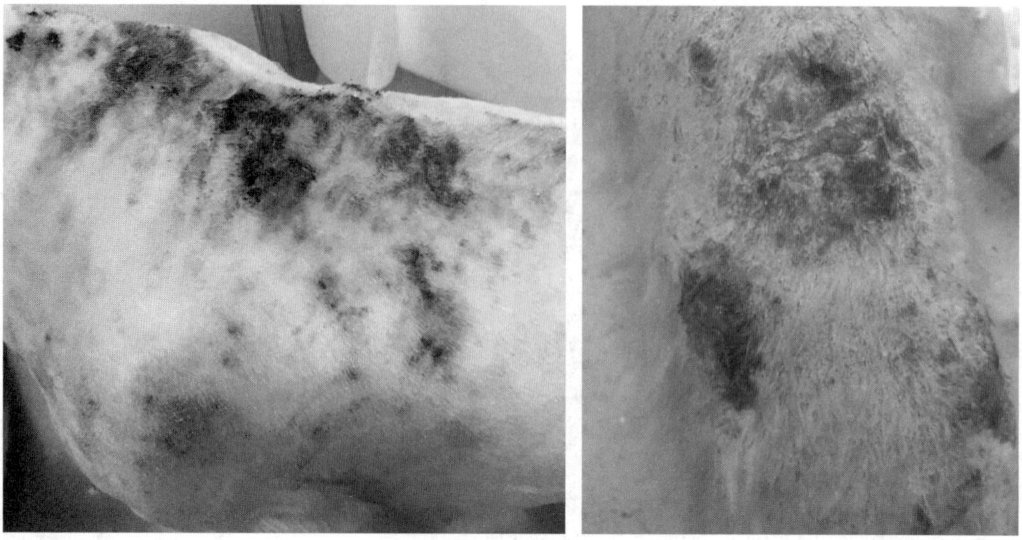

图 1-43　皮肤结痂

十一、肿瘤

肿瘤指机体在各种致瘤因子作用下，局部组织细胞增生所形成的新生物，因为这种新生物多呈占位性块状突起，也称赘生物。大的肿块，可涉及皮肤及深层组织（图 1-44、图 1-45）。

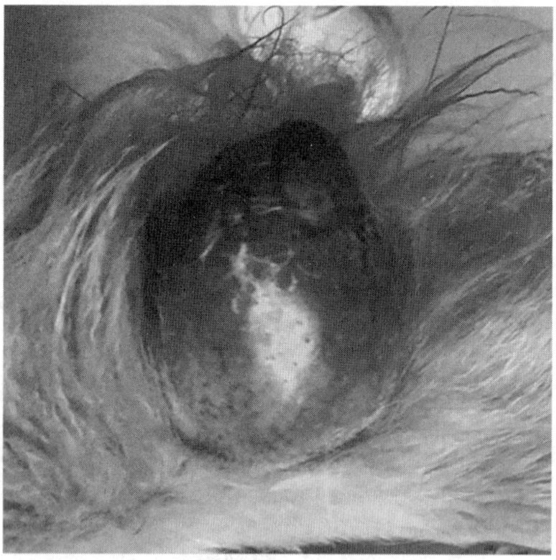

图 1-44　金毛左前腿的组织细胞瘤

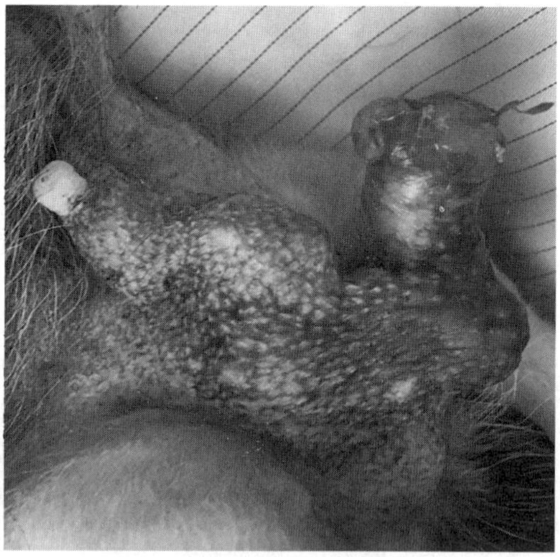

图 1-45　雌性犬的乳腺瘤

十二、苔藓化

苔藓化又称苔藓样变，是指由于角质形成细胞和角质层增殖所致的局限性粗糙肥厚样皮肤损害。皮纹显著突出，触之橡皮树样粗糙。主要表现为阵发性的瘙痒，常因剧痒搔抓，越抓越厚、越粗，苔藓化越显著。中央为较大、较厚的多角形丘疹，外围丘疹较小，在其边缘上，还可见散发的、典型的、微发亮的扁平苔藓样丘疹。动物皮肤增厚超出正常模式，常由慢性炎症和自身创伤引起(图 1-46)。

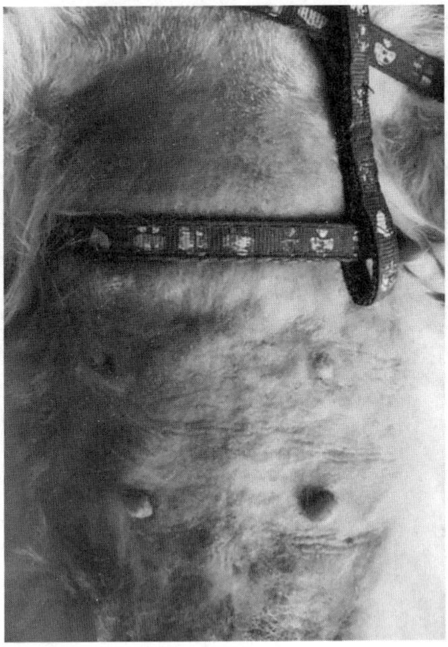
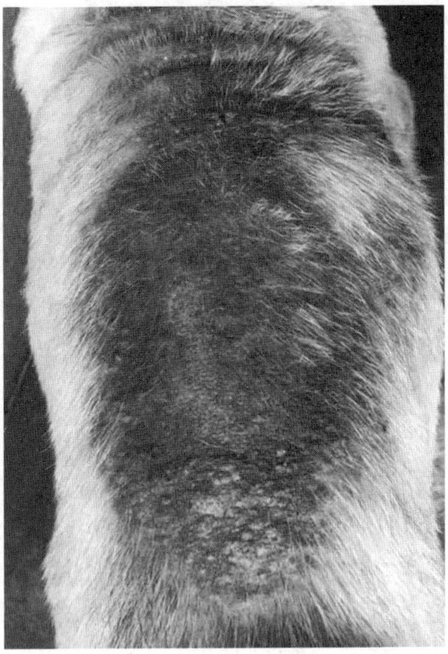

图 1-46 苔藓化

十三、皮屑

皮屑是角质细胞大量堆积后,从表皮脱落的糠麸样的鳞片(图 1-47、图 1-48)。

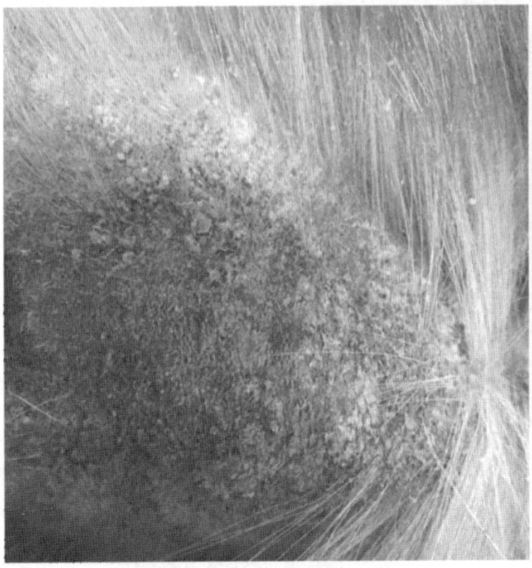

图 1-47 背部皮屑

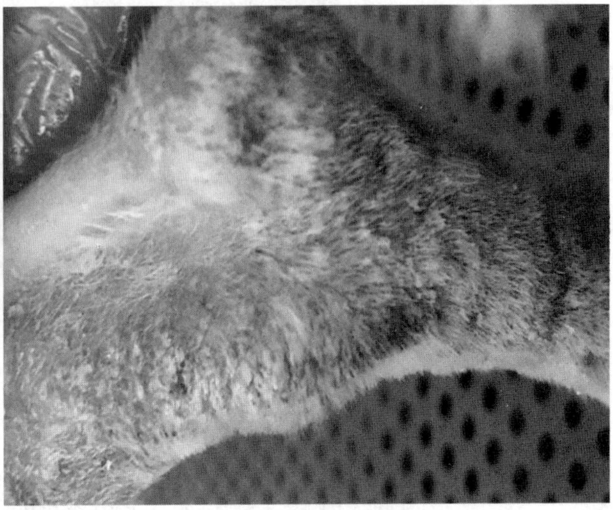

图 1-48 腿部皮屑

十四、瘘

瘘指机体内因发生病变而向外溃破所形成的管道,病灶里的分泌物由此流出。常指伴有渗出的深部病变(图 1-49)。

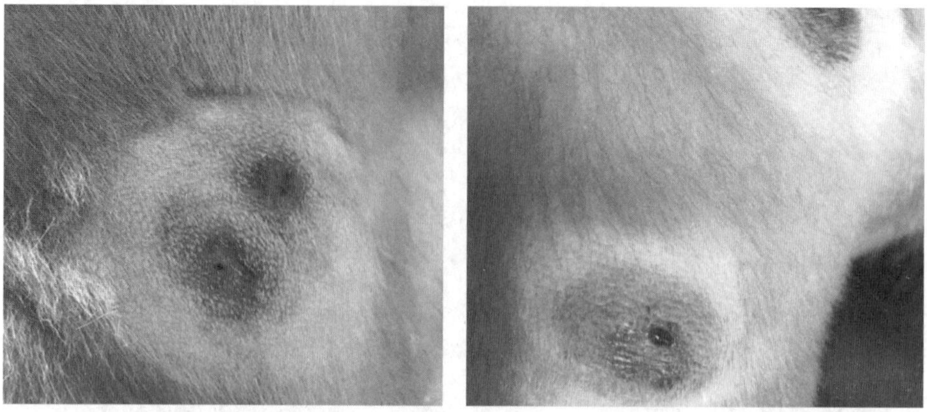

图 1-49　瘘

十五、瘢痕

瘢痕指由物理、生物、化学等因素的损害作用于皮肤软组织，导致的严重损伤不能完全自行正常修复，转由纤维组织替代修复留下的，既影响外观又影响功能的局部症状。即已取代正常皮肤的纤维组织区域(图 1-50)。

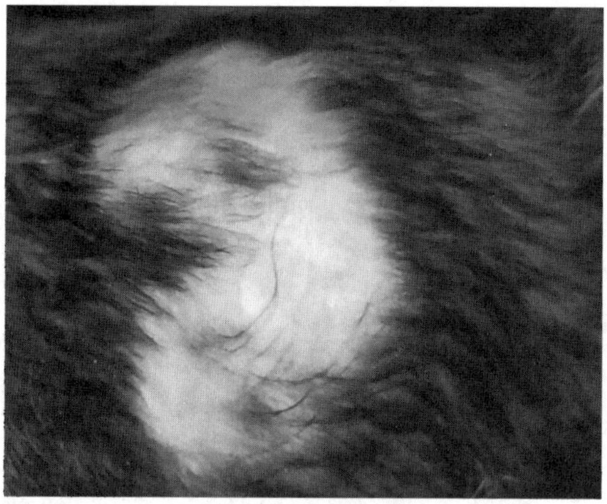

图 1-50　康复后的瘢痕

第一章彩图

CHAPTER 2

第二章　皮肤病的诊断流程

皮肤病种类繁多，原因复杂，症状多样。有病程长、不易确诊、不易根治的特点。加之当前宠物医院的检测设备好坏、检测人员素质参差不齐，也增加了皮肤病的诊断难度。在临床上主要表现有：剧痒、脱毛、结痂、皮肤肥厚以及患部出现红斑、丘疹等变化，症状十分相似。如果没有正确的诊断，治疗用药就可能出错、治疗效果也会受到严重的影响，从而影响犬猫及主人的身心健康，影响医院的信誉。对于宠物医生来讲，在宠物皮肤病的诊疗中，诊断非常重要，只有按照一定的诊断程序，全面客观地检查，做好鉴别诊断，才能减少误诊、漏诊，为进一步的治疗提供依据。

一、诊断流程

①获取基本信息。
②皮肤病史：发病时间、初期部位和症状。
③进行体格和皮肤检查。
④排列出鉴别诊断（可能有哪些疾病）。
⑤选择实验室检查项目。
⑥基于病因和症状，建立治疗计划。

二、获取基本信息

包括患病动物的详细信息，比如年龄、品种、性别等基本信息。

三、病史

病史是患病动物本次患病的原因、症状等，及历次所患疾病和诊疗情况。疾病发生的原因可能是一方面的，也可能是多方面同时作用引起的。通过询问病史寻找发病原因，为诊断打下基础，可以说好的开始是成功的一半。

询问是获得病史的主要手段。通过与主人谈话的方式了解疾病的有关情况。倾听动物主人的陈述，能提供诊断思路。首次就诊病例至少询问 15 min，转诊病例至少 30 min。

询问内容包括：发病时间、过程、表现、生活环境和习惯，用药情况和效果，病史和过敏史等。

1.整体状况

每个病例都要询问全身状况，比如是否咳嗽、打喷嚏、多饮、运动不耐受，食欲和排便状况，是否呕吐、腹泻等。动物是否健康，是否有影响皮肤病的因素。

2.皮肤病病史

调查起始症状、起始发病年龄。寄生虫病年轻动物更常见；异位性皮炎起始发病通常在年轻阶段，很少在7岁之后出现；内分泌病中年到老年发病；肿瘤常见于老年动物。

(1)饮食情况如何？是否有摄入大量盐的可能？是否长期食用人的食物？是否存在营养不平衡、脂肪和蛋白质过多、营养过剩、肥胖或者营养不良、缺乏某些矿物质或维生素，尤其是缺乏B族维生素和锌？

(2)洗澡间隔时间是多少？用什么香波？是否有破坏皮肤保护层的可能？

(3)是否有细菌、真菌、病毒、寄生虫引起感染的情况出现？

3.瘙痒

有无瘙痒？瘙痒是先或后出现于其他症状？瘙痒的评分，瘙痒部位；若前期有治疗，治疗后的瘙痒反应情况。

4.生活方式

宠物去过何处？室内宠物较少出现感染或传染病。是否去过宠物展、美容院或者训练学校？是否接触过其他宠物或野生动物？

5.治疗反应

转诊病例通常有复杂的治疗史，抗生素有效提示脓皮病，抗寄生虫药的治疗反应提示或排除外寄生虫，是否使用过类固醇及其反应，是否更改随后的治疗方案。

6.评估宠物主人的依从性

一方面是通过交谈和访谈，评估宠物主人对宠物的重视程度、对宠物支出的经济状况、家庭社会支持情况、宠物主人对宠物疾病的治疗态度和信念等，综合评估宠物主人的依从性。另一方面是询问近期的各种处置及治疗的具体操作、喂养状况等评估宠物主人的依从性。

四、体格和皮肤检查

观察皮肤的状态，收集临床症状，为诊断寻找证据，认真检查，不漏检。观察的内容包括：皮肤被毛的完整性，被毛的光泽和顺畅与否，掉毛和脱毛状态及是否具对称性；局部皮肤的弹性、厚度、色素变化；病变的部位、大小、形状、性质、散在或集中、单侧或对称、表面隆起程度、颜色等。

皮肤上的病变比较复杂，主要症状有：脱毛(图2-1)、瘙痒、皮屑、发红、皮疹、皮肤发炎使皮脂腺产生大量分泌物和难闻的气味等。皮肤损害在发病初期是直接由疾病引起的，但由于犬猫的自抓咬和药物处理常引起二次感染，易掩盖皮肤病变的真相，引起误诊。因而对皮肤病变需要仔细地观察辨别。常见的皮肤病变有：斑点、斑片、丘疹、结节、肿瘤、脓包、小泡、溃疡、瘢痕、擦伤、痂皮、龟裂、鳞屑、表皮脱落、苔藓化(图2-2)、色素过度沉着、黑头粉刺等(图2-3)。

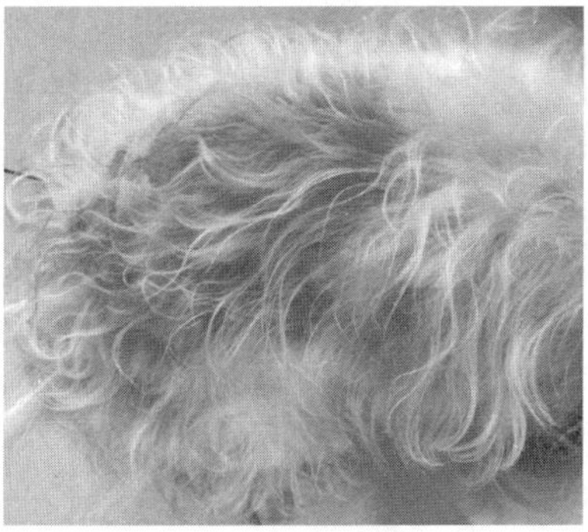

图 2-1　严重脱毛

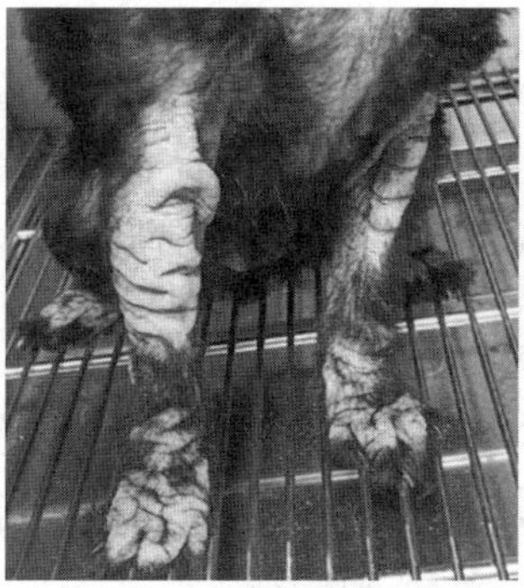

图 2-2 皮肤苔藓化

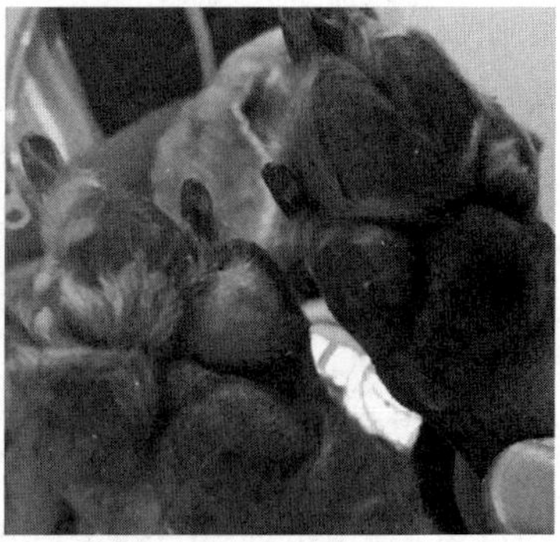

图 2-3　趾间炎

五、列出鉴别诊断(可能有哪些疾病)

根据上面获得的病史、发病初期症状、药物治疗情况、体格检查获得的信息等,进行综合分析、推理、判断,初步判断皮肤病性质、致病原因、发病机理,并列出可能会属于哪些皮肤病,以便选择进一步的检查方法。

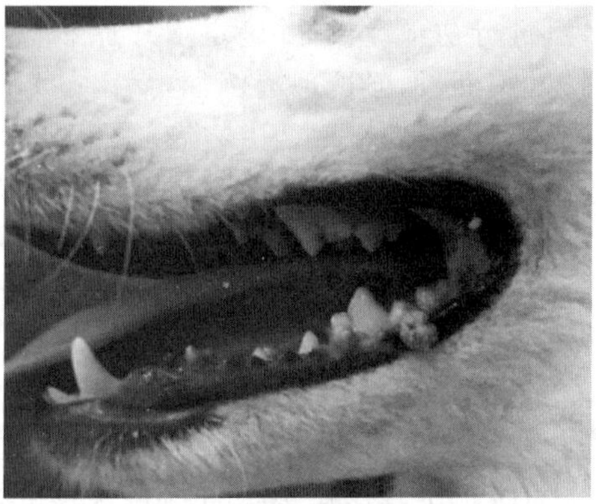

图 2-4　病毒性皮肤病

犬猫皮肤病多数根据发病原因分为以下常见皮肤病:寄生虫性皮肤病、细菌性皮肤病、真菌性皮肤病、病毒性皮肤病(图 2-4)、皮肤过敏与药疹、自体免疫性皮肤病、激素性皮肤病(图 2-5)、皮脂溢(图 2-6)、中毒性皮炎、代谢性皮肤病、遗传性皮肤病、皮肤肿瘤以及与物理性因素有关的皮肤病等。

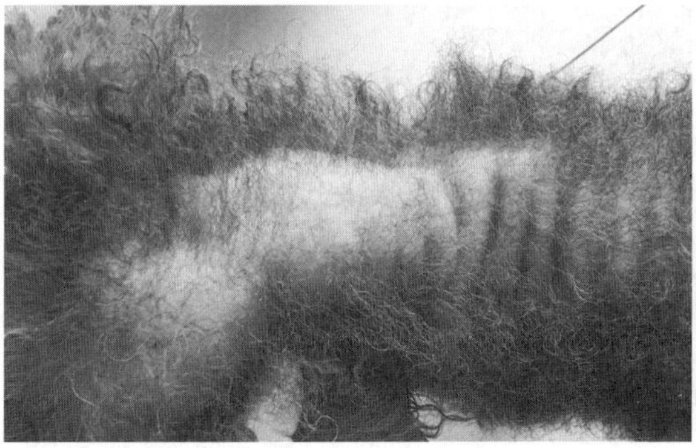

图 2-5　激素性皮肤病

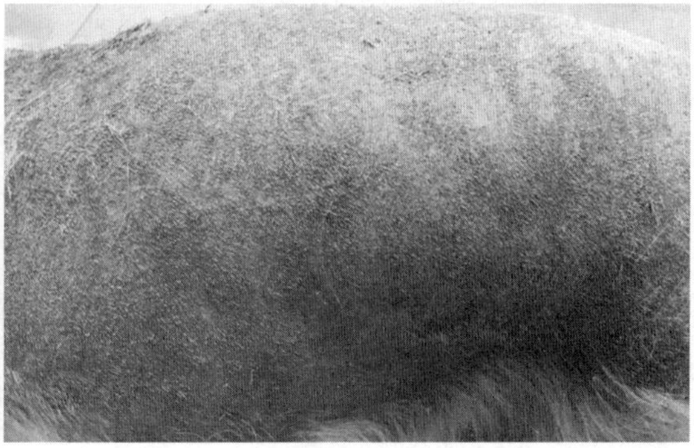

图 2-6　皮脂溢

六、实验室检查

实验室检查对于部分皮肤病具有非常重要的意义,能够准确检查出蠕形螨、疥螨、细菌感染、真菌性皮肤病等。

实验室检查方法包括:微生物及寄生虫检查,皮肤细胞学检查,皮肤组织病理学检查,特殊血清学检查等。微生物及寄生虫检查用来检测皮肤表面感染的各类致病微生物及寄生虫，如真菌、细菌、跳蚤、螨、虱等。细胞学检查有助于大疱性、水泡性、病毒性皮肤病和肿瘤的诊断。皮肤组织病理学检查，适用于皮肤肿瘤及癌前病变、肉芽肿性疾病、血管炎性皮肤病等疾病的确诊。特殊血清学检查则有助于为过敏性疾病的诊断提供依据。总的来讲，几乎所有的皮肤病在临床医生没有把握确诊的情况下，均需要进行相应辅助性实验室检查，以便进一步帮助确诊。

细菌感染可以用细菌染色镜检、细菌培养的方法检出。用透明胶带法、皮肤刮取法采取病料，取粪便检查虫卵，各种螨虫用显微镜检查方法即可确诊。真菌常用涂片镜检法、伍德氏灯法、真菌培养、触片标本染色等方法检查。

七、基于病因和症状，建立治疗原则

根据病因、临床症状、皮肤病种类的综合分析，配合实验室检查，判断其实质，对疾病定性，进行初步确诊，并确定治疗原则。常见的治疗原则是：消灭病原和病因，对症治疗，防止继发感染，加强护理。例如：病因是螨虫，就要除螨，患真菌性皮肤病，就要抗真菌。对症治疗的具体表现是用药。有感染就要抗炎，有过敏就要抗过敏。

治疗过程也是验证诊断的过程，如果诊断正确，用药正确，疾病会逐渐好转，直到痊愈。如果诊断不正确或者药物的选择有误，疾病很可能有很大变化，原发病进一步发展，变得严重或出现继发感染。如果在治疗中，经过一段时间还没有好转的迹象，应考虑重新诊断，重新选择药物。

八、预防反复发病

由于皮肤病病程长，疗程长，难以很快治愈，容易反复感染，所以治疗中必须告知宠物主人相关的注意事项，以免影响治疗效果。

①严格环境和用具消毒。

②保持环境卫生、干燥，防止病原再度生长繁殖。

③选择合适的犬猫食品。

④定期驱虫。

⑤选择合适的浴液。

⑥防止使用或接触可能引起过敏的物质。

总之，宠物皮肤病诊治都是在了解发病原因的基础上，收集皮肤病变的症状，以分析、判断宠物患哪种皮肤病，配合实验室检查做出初步判断，确定治疗原则，正确用药。为了巩固疗效，同时做好各环节治疗，保证治疗效果，预防复发。

第二章彩图

CHAPTER 3 第三章 常见皮肤采样及检查方法

皮肤病是宠物疾病中最常见的疾病之一,在临床中占据了很大的比例。皮肤采样是临床上实验室检查前的常用手段,兽医技术人员每天都要面对各种各样的皮肤病,为了治疗这些疾病,检查出皮肤病的真正病因变得十分重要。

一、动物保定

做好采样前物品的准备,根据动物种类、大小、品种、性格及采样部位等特点,采用不同的保定方法。对动物采取正确的保定姿势,有利于兽医人员对采样部位的操作。保定前和保定中,可用语言和动作安抚动物的恐惧心理。

图 3-1 眼周鼻部病变

二、选择采样位置

详细询问病史,对全身皮肤进行详细检查后,做出诊断计划。选择发病时间较近、症状明显、容易检出的部位。蠕形螨容易在头、脸、四肢等检出;疥螨在耳尖、腹下、四肢关节处容易检出;脓皮病和真菌感染则全身各处都有可能发生。所以要根据不同的临床症状来选择取样部位,见图 3-1 至图 3-5。若病变部位较多应选择比较隐蔽的地方刮取,尽量保持动物美观。

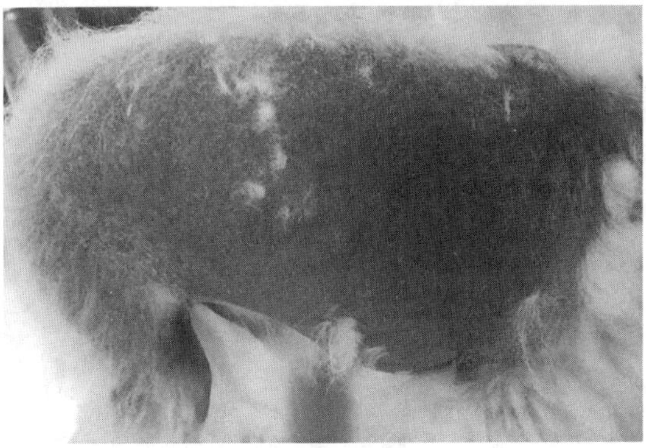

图 3-2 躯干病变

图 3-3 脚掌病变

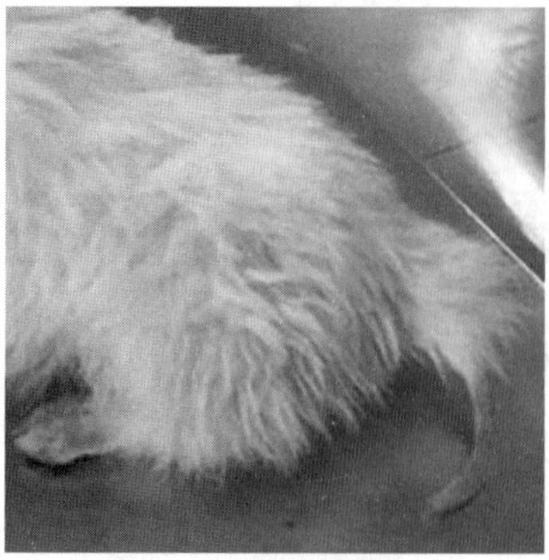

图 3-4 尾部病变

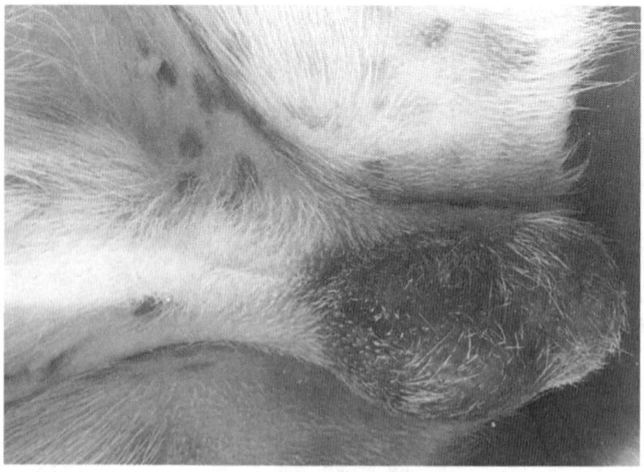

图 3-5 睾丸及腹部病变

三、皮肤采样技术

皮肤病采样要求快速、方便,有利于满足实验室检查的需要。

(一)梳毛

主要用于跳蚤、螨等体外寄生虫的检查。筛查外寄生虫、虫卵、碎屑、跳蚤粪便。

采集方法:①在结实的纸上,光面朝上,动物站在上面;②用跳蚤梳或硬塑料梳子梳理被毛(图 3-6);③将纸折叠,收集碎屑(图 3-7);④在毛屑中挑出毛发做镜检(图 3-8)。

图 3-6 梳毛

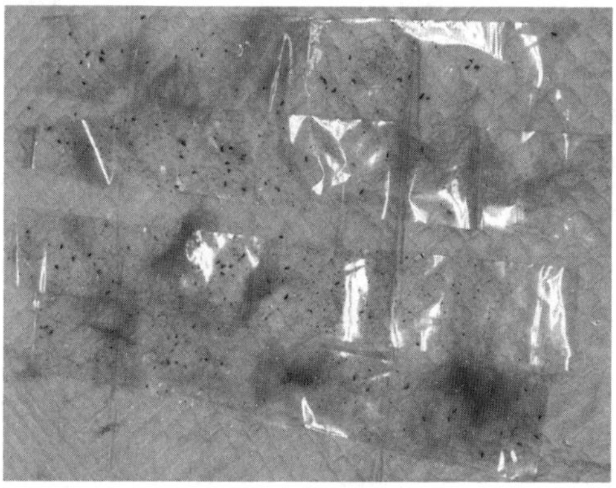

图 3-7 收集碎屑

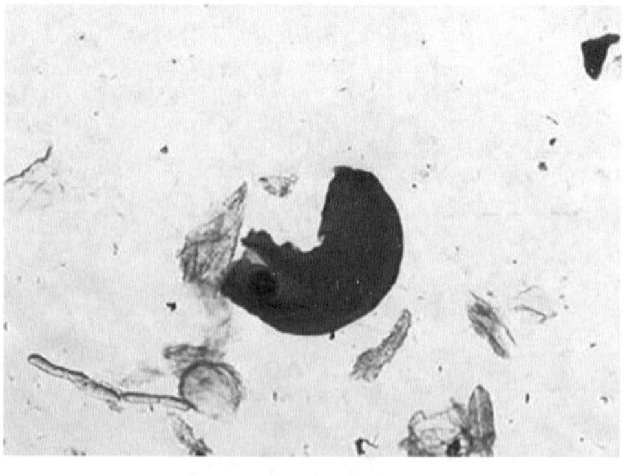

图 3-8 跳蚤粪便与毛发:清晰、红色、半透明,通常呈弧形、结晶状(董军)

(二)拔毛

拔毛检查用于观察毛发的状况,可完成对机体的瘙痒状态、真菌感染、色素沉着、生长周期等方面的评估。主要用于浅表和毛囊螨虫、虱子的检查。

方法是:①收集毛发或拨取少量待检查毛发;②用矿物油或透明胶带固定毛发样品于载玻片上;③盖上盖玻片;④低倍或高倍镜(4×/10×)下检查样品;⑤查看毛发形态是否有断裂、创伤等,毛根是处于生长周期的哪一阶段,如生长初期、终止期等,毛囊内容物是否有蠕形螨病(图 3-9、图 3-10、图 3-11)。

图 3-9 毛发上的螨和虫卵

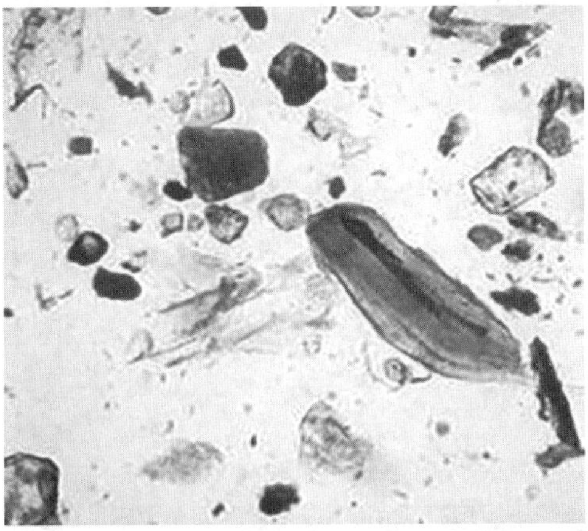

图 3-10 沙子和毛囊管型(董军)

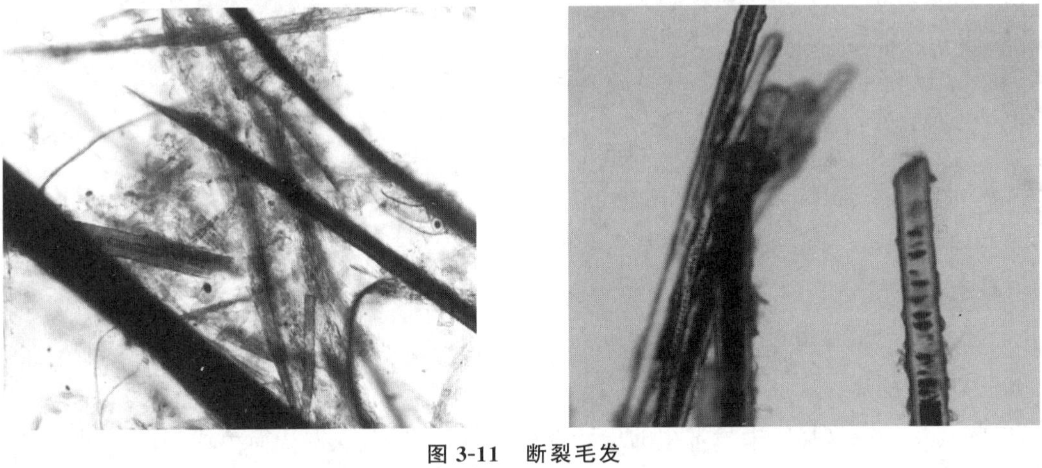

图 3-11 断裂毛发

1. 毛尖

毛尖主要评估机体是否处于瘙痒状态,尤其是猫毛尖折断很容易辨认。若宠物主人未发现猫瘙痒,而实际上猫已处于瘙痒状态,毛尖检查就有重要的意义。

2. 毛根

对毛根的检查可诊断毛发的生长期(图 3-12)和终止期(图 3-13),从而确定毛囊周期是否正常。对多数动物而言,大部分的毛发处于终止期,只有一小部分毛发处于生长期。在一些生长期很长的动物(如贵宾犬),大部分的毛发可能处于生长期,相对少量的毛发处于终止期。在静止性脱毛疾病中,所有的毛发都处于终止期。

3. 毛干

被真菌感染的动物，有时可以看到毛干外癣菌。毛干外癣菌比较难发现，临床中可用伍德氏灯选择可疑毛发，在显微镜暗光下观察，呈朽木状见图 3-14。毛发的皮质看起来膨胀、有损伤，如果折断则有缺口，像扫帚样，见图 3-15，病原微生物可能会围绕在毛干损伤的周围。毛干也可用于色素形成的观察，毛干上色素形成通常提示色素突变稀释性脱毛和毛囊发育不良。卵也有可能发现在毛干上，主要为虱子等的粪便。毛干上其他异常也见报道，但较少。

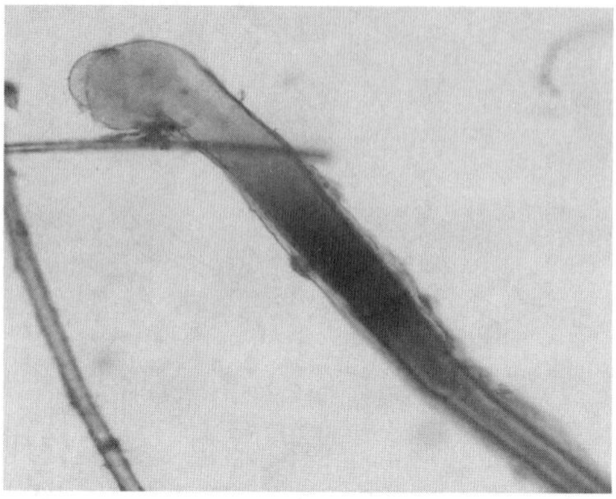

图 3-12　生长期毛根

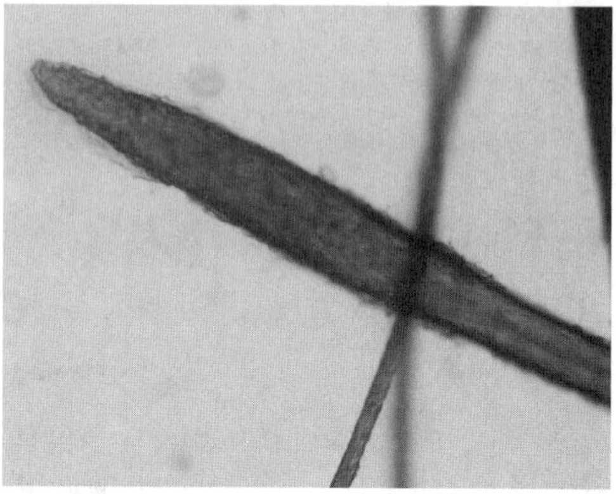

图 3-13　终止期毛根

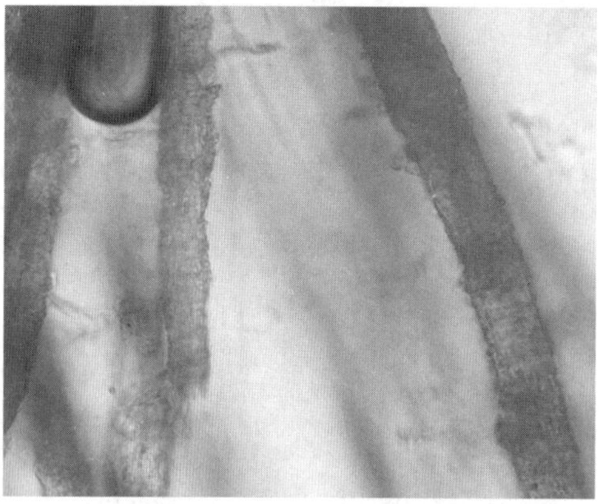

图 3-14　癣菌感染的毛干(朽木状)

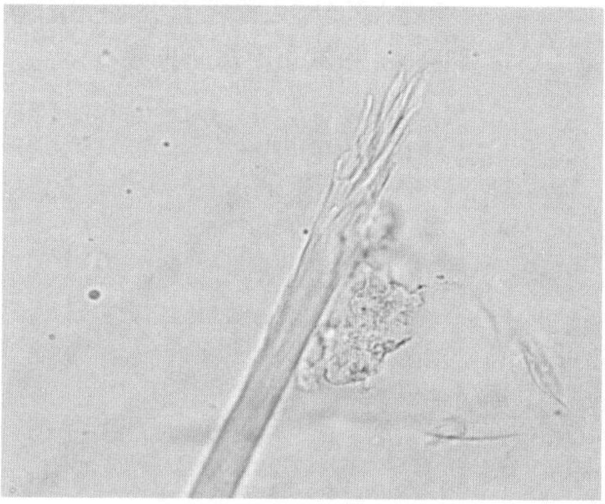

图 3-15　受损断裂毛发

(三)皮肤刮片

皮肤刮片是宠物临床上最常用的皮肤病检测方法之一，该方法简单而快捷，能鉴别出多种类型的寄生虫感染。尽管皮肤刮片不是每一次都能提供诊断性依据，但因其具有操作简单且价格低廉的特点而使其成为皮肤病检测最常用的方法之一(图 3-16)。

皮肤刮片主要用于诊断疥螨和蠕形螨等体外寄生虫，常分为浅层皮肤刮片和深层皮肤刮片。浅层皮肤刮片可对原发病变采用多处大面积浅刮，用于观察疥螨、姬螯螨、耳螨、恙螨等。深层皮肤刮片主要用于收集毛囊样本，用于蠕形螨病的诊断。

皮肤刮片后，通常会使用液体石蜡(矿物油)、10%氢氧化钾等介质来处置样本。液体石蜡可使样品直接镜检并可鉴定活的寄生虫。10%氢氧化钾可分离角质细胞和清洁样本，可使载玻片上的样本在 30 min 内净化，轻微加热可缩短静置时间。但氢氧化钾对皮肤有腐蚀性，会杀死寄生虫，6%氢氧化钾对寄生虫没有致命性。无论介质是什么，通常都会用盖玻片。

1.浅层皮肤刮片

方法:①可根据需要剪掉病变部位被毛,暴露病变皮肤。②去除皮肤表面的碎物以利于刮片的进行,此时也可用含盐的溶液湿润病变部位。③持一钝性器物,垂直于皮肤,用适当的力度沿毛发生长的方向进行浅层皮肤刮片取样,见图 3-16,建议多点采样。如果寻找疥螨,可较大面积刮取原发病变,以增加疥螨发现的可能性,因为疥螨生活在皮肤浅层,没必要一直刮取到渗血为止。④将刮取物收集到载玻片上,与液体石蜡油混合,加放盖玻片。如果收集到的刮取物太多则需要净化和浓缩。⑤清理和处置皮肤。⑥显微镜检查。

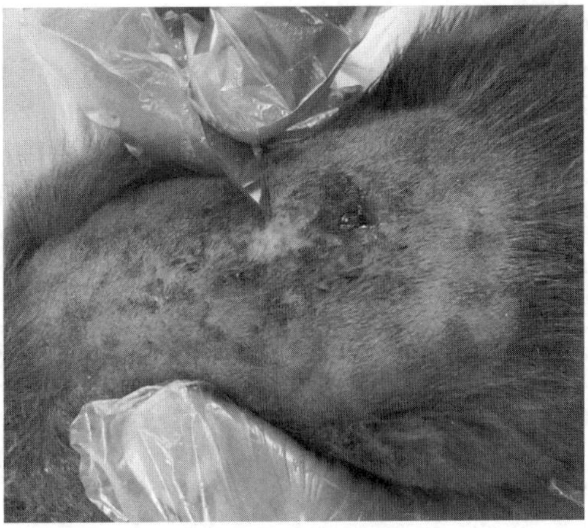

图 3-16 刮片法

最常检出疥螨的区域包括耳缘、肘后。猫患蠕形螨时最常检测出的部位是肩两侧。

2.深层皮肤刮片

方法:①选择脱毛区域或根据需要剪掉被毛,暴露病变皮肤。②去除皮肤表面的碎物以利于刮片的进行,此时也可用含盐的溶液湿润病变部位。③持一钝性器物,垂直于皮肤,用适当的力度沿毛发生长的方向进行刮片取样,重复几次刮片后,皮肤会呈现粉红色,此时可见毛细血管及渗出的血液,这样做的目的是保证收集的病料来自皮肤的深层。毛囊内蠕形螨取样,需挤压刮取处的皮肤使毛囊内的蠕形螨出现在皮肤浅表,这样更有利于病原微生物的采集。④将刮取物收集到载玻片上,与液体石蜡油混合、加放盖玻片,如果收集到的刮取物太多则需要净化和浓缩。⑤清理和处置皮肤。⑥显微镜检查,蠕形螨见图 3-17。

刮片过程中蠕形螨可能会离开毛囊,导致出现假阴性,建议多次多点取样。有些蠕形螨感染时间过长形成了瘢痕,刮片时很难进行到皮肤深层,以致不能收集到蠕形螨,但这样的情况比较少见。临床上也有兽医采用活组织检查发现毛囊内的蠕形螨。

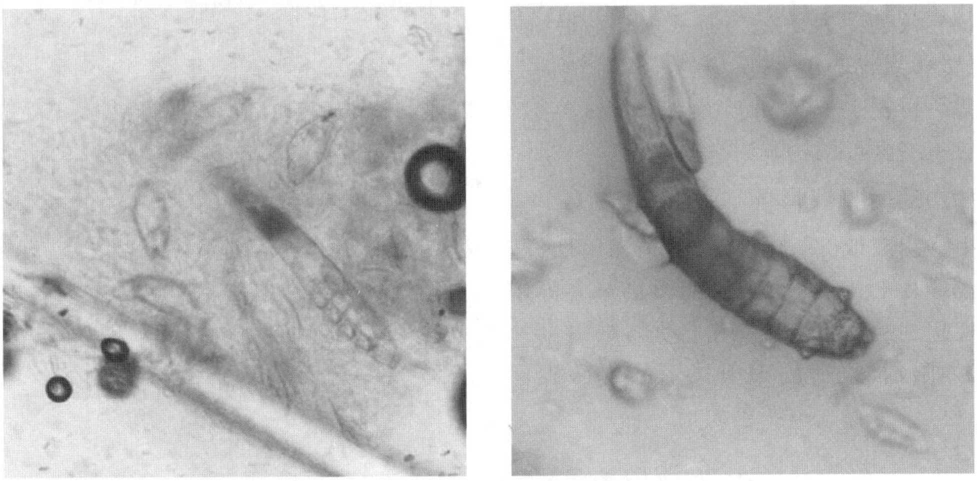

图 3-17 刮片后收集的蠕形螨虫卵和成虫

一些兽医喜欢重复利用钝性刀片进行皮肤刮片，但随着对传染性疾病，如巴尔通体病、猫白血病、猫艾滋病、疱疹病毒、乳头状瘤病毒等疾病防范意识的加强，这一现象已逐渐减少。

（四）直接压片

直接压片主要是针对湿性分泌物，如脓包、溃疡、糜烂、瘘管处皮肤损伤。去除皮肤表面的结痂，暴露潮湿性皮肤表面，进行直接压片采样。

方法：①用载玻片的一角或注射针头产生机械性力，挤压损伤处，产生湿性分泌物，多次用载玻片粘贴病变部位（图 3-18）。或将盐溶液湿润病变部位，用钝形器物轻刮（如酵母菌）感染的皮肤部位，再用玻片多次直接压片（图 3-19）。②干燥载玻片。③用细胞染色液（如 DiffQuik）对载玻片进行染色、冲洗、干燥。④显微镜镜检。低倍镜下扫描载玻片，选择一理想区域进行高倍镜（40×/100×）检查，观察细胞、细菌、真菌的类型。

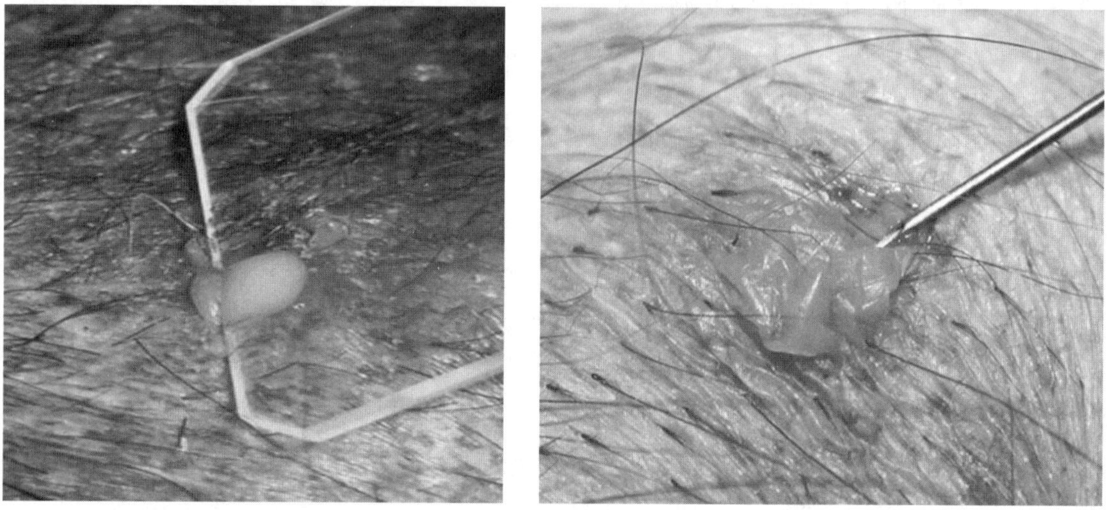

图 3-18　用载玻片一角和注射器处置湿性分泌物（Lluis Ferrer）

毛囊挤出物涂片方法是：挤压皮肤将挤出物涂在干净的载玻片上，染色镜检。这是从毛囊收集蠕形螨很有效的一种方法。还可以用刀片收集挤出物，再转移到载玻片上，不染色，滴少许矿物油（或液体石蜡），再盖上盖玻片。主要查看寄生虫，有时也能查看一些酵母菌，如马拉色菌等。

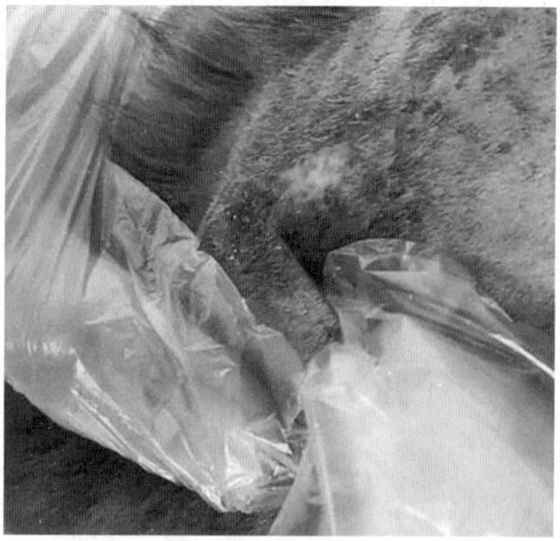

图 3-19　玻片直接压片

（五）透明胶带取样

用透明胶带（图 3-20）在皮肤表面取样，取样后粘在载玻片上，镜检外寄生虫和虫卵。可用于多种皮肤疾病的检测，尤其适用于动物难以刮片取样的部位，如眼周，也适用于剪掉毛的皮肤表面。采样后，染色镜检，寻找马拉色菌。

图 3-20　透明胶带

方法:①将透明胶带一端粘在载玻片上。②用胶带反复粘贴或按压在病变皮肤处。③掀起胶带,弯回载玻片另一端并粘于载玻片起始端。④浸入染液。⑤清洗干燥。⑥胶带平粘在载玻片上。⑦镜检。

胶带法是一种有利于采集螨和虱子样品的检查方法(图 3-21),由于螨体型较大,将收集样品的胶带粘贴在载玻片上,易于在视野中发现,这类检查可不进行④～⑥步。DiffQuik 是常用的快速染色液,但在染色时需注意,为防胶带脱落,乙醇染色可略去。

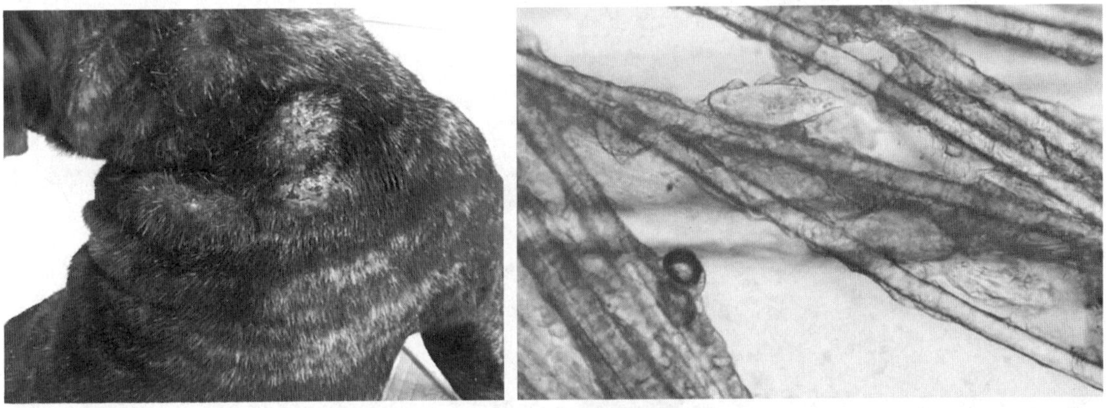

图 3-21　病变部位及胶带粘出的虫卵

在高倍镜下查找微生物。螨虫等病原微生物在做显微镜检时,胶带法是一种很好的用于采集姬螯螨和虱子样品的取样方法。姬螯螨体型较大,在视野中易于发现,因此,胶带法收集到姬螯螨的可能性很高,并且胶带有利于姬螯螨的固定。

胶带法观察毛发:胶带可以固定载玻片上毛发的位置,样品在低倍镜(4×/10×物镜)下观察,若在载玻片上加一滴矿物油更有利于观察。

胶带法观察微生物:尽管没有培养基那么有效,但是胶带法仍然是诊断马拉色菌性皮肤病的有效手段之一(图 3-22)。虽然胶带法高效,但酵母菌采集还是会出现假阴性结果。胶带法也常用于观察细菌等其他微生物,见图 3-23。

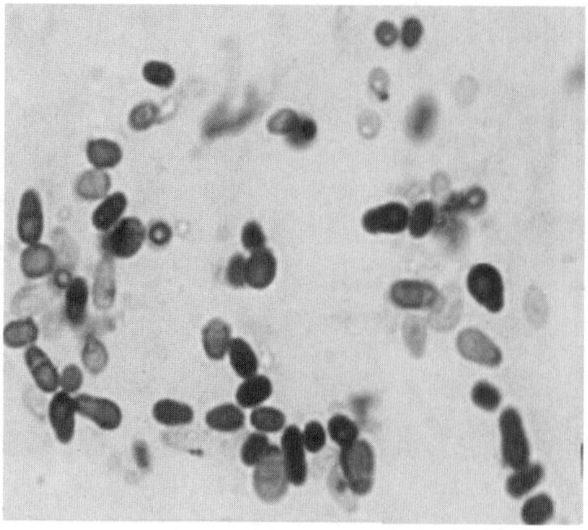

图 3-22 厚皮病马拉色菌过度生长

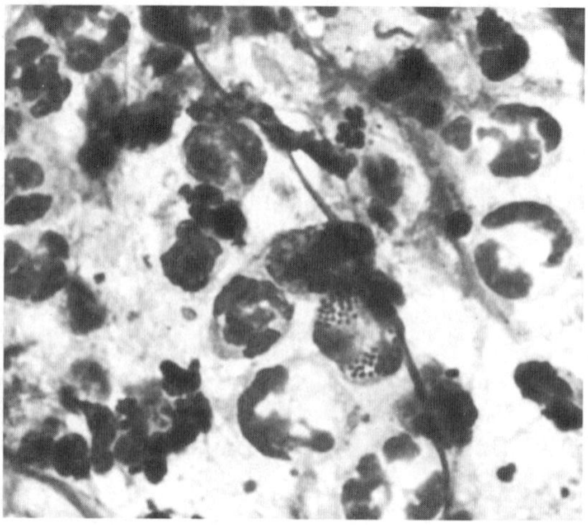

图 3-23 细菌过度生长，球菌、嗜中性粒细胞

（六）耳分泌物的涂片

耳分泌物涂片又称耳拭子法。操作前先检查外观正常的外耳道是否有渗出性病变（图 3-24），初步判断外耳道是否存在寄生虫、真菌、细菌感染，然后用棉签收集外耳道的碎屑，涂到载玻片上。耳螨及其虫卵可以通过显微镜观察发现，见图 3-25。用液体石蜡湿润棉签可以帮助分泌物黏附在上面，也可以将其滴在载玻片上，使样本与棉签分离，再盖上盖玻片。

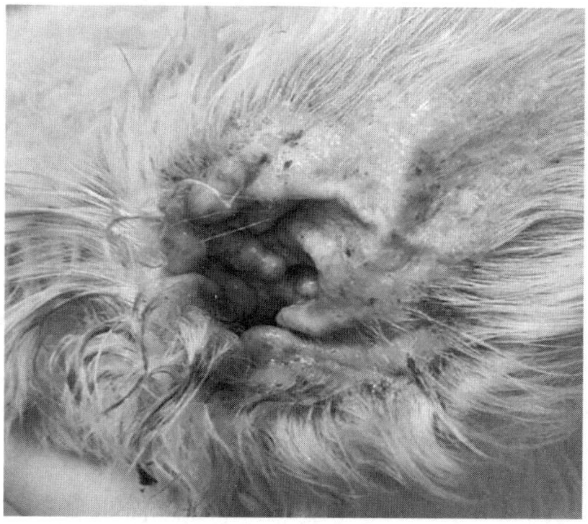

图 3-24 外耳道的分泌物

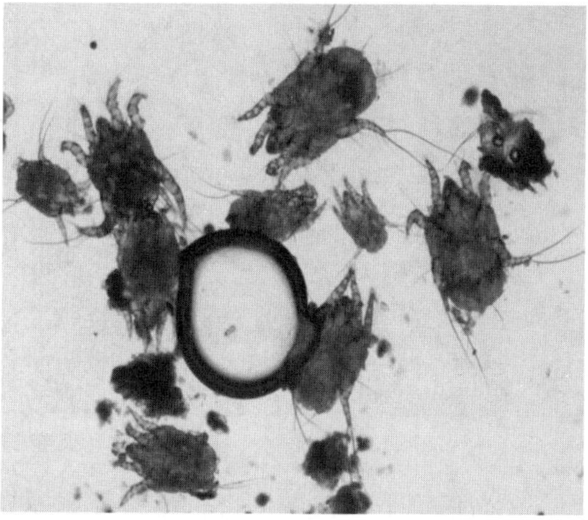

图 3-25 耳道分泌物中的耳螨

方法：①将棉签轻轻插入耳道采集分泌物，注意不要过多刺激耵聍腺。如果棉签仅仅收集到少量且干净的样品，那么这个耳朵有可能是健康的。②用矿物油将从耳道内取出的黑色蜡样物质进行溶解，在载玻片上抹片；如果是脓性分泌物，在载玻片上轻微滚动棉签。③涂片干燥，细胞学染液进行染色、冲洗、干燥。④镜检。操作①、②步后即可在低倍镜下寻找耳螨。若是真菌、细菌感染，则要操作完所有步骤，进行细胞学检查以鉴别细菌和酵母菌的存在。

耳道分泌物细胞学检查，能够确定微生物的数量和类型，对于治疗方案的合理选择非常必要。同时对于治疗效果的评价也有重要的意义，尤其是在治疗过程中预估什么时候停药。

(七)细针抽吸

细针抽吸是指将细针插入组织内收集组织样本或液体,然后染色进行细胞类型的检查。这种方法具有操作简单易行,无需特殊设备,取样迅速,应用范围广,便于观察等优点,已成为兽医临床的一个重要诊断手段,尤其适用于皮肤肿块和淋巴结病变等。

细针抽吸的方法:

(1)病变部位剪毛、消毒。

(2)用 21 或 22 号针头的 10 mL 注射器穿刺肿物,针头刺向病变中心,回拉注射器柄产生负压,松开注射器柄,调整针头方向,再次回拉注射器柄,抽吸活塞 2～3 次,见图 3-26。注意当发现针头尾部出现血液时,为防止血液稀释细胞样品,应停止回拉注射器。也有兽医建议为了减少血液的稀释作用,对同一肿物采用多点穿刺,即将注射器针头刺入软组织病变区域取样后,拔出针头重新调整方向,再次刺入,重复该过程。

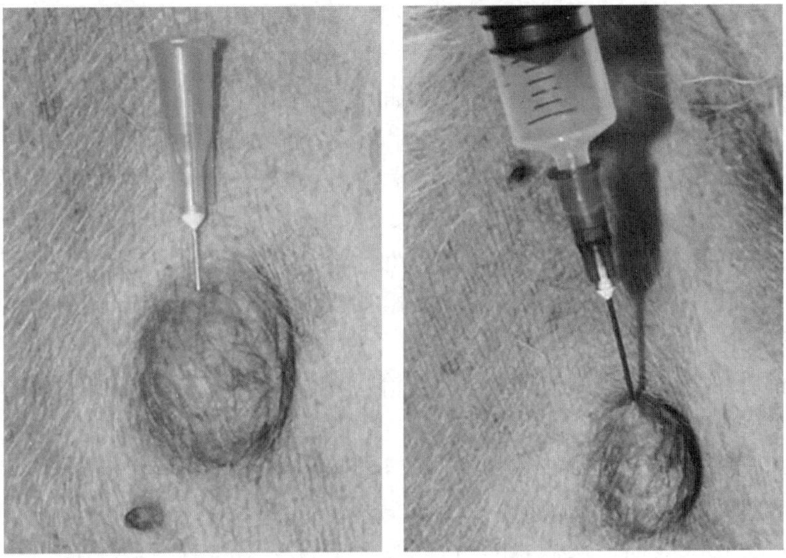

图 3-26　细针抽吸(Lluis Ferrer)

(3)松开注射器柄,消除负压,拔出注射器。

(4)分离针头与针筒,回拉活塞,再插上针头迅速推动活塞,将针筒中的抽吸物吹于载玻片上,重复该过程几次。

(5)涂片并进行染色。

(6)低倍镜下扫描整个载玻片,选择一理想区域进行高倍镜观察,使用高倍镜(40×物镜或者 100×油镜)观察细胞类型。

细针抽吸可鉴别病变部位的主要细胞类型,但由于吸取物少,存在一定的假阴性。此法存在对肿瘤分型困难,不能了解肿块组织结构等缺点,故不能完全代替病理组织学诊断,但仍是很有效的筛查技术。可以说细针抽吸和组织病理学检查相辅相成。

镜检脓疱和水泡内容物,以及病灶表面的脱落,可以鉴别炎性反应、棘层松懈细胞、肿瘤细胞和微生物。理论上,未破的脓疱应该用无菌注射器刺破,吸取内容物涂在载玻片上染色。

(八)皮肤活组织检查

皮肤活组织检查是切除皮肤活体组织进行的病理检查,以明确诊断、进行分类、指导治疗、判断预后。病理结果需要与病例信息结合判断才有意义,这些信息包括临床表现、病史(含用药史)、活组织取样位点和可能的鉴别诊断等相关内容。

皮肤活组织检查适应症:皮肤肿瘤或疑似肿瘤的病变;对合理治疗无效的慢性皮肤病;囊肿;不常见或特别严重的皮肤病,如皮肤血管炎等;长期用药或用药有风险的疑似病例;免疫介导性顽固溃疡、毛囊发育不良、深部真菌病等特征性病理变化的疑似病例等。皮肤活检取样常采用皮肤打孔取样和手术切除取样。

打孔活检:用直径为 2～10 mm 的组织取样打孔器,最常用的直径是 4 mm,如果标本应用于培养或其他用途,6 mm 活检打孔最适宜。可在多个部位快速取样。较小的打孔器用于爪子、鼻子和小而独立的病变取样,样本仅包含 3～4 个毛囊,可能难以进行病理学辨读。转动打孔不适用于病变和健康皮肤混合或交叉的区域,可能会破坏囊肿或脓疱。取样时病变部位和健康皮肤都要有,通常取样后缝合一针即可。

切除活检:是指将可疑病变组织或肿物切除,做病理组织检查来明确其性质。这样获得的样本比打孔的大,但创口较长,恢复时间也更长。位于深部或体表较大的肿物难于整块切除的,则需切取部分肿物送病理检查。但对黑色素瘤和睾丸恶性肿物不应做切取活检,应做切除活检。在取得皮肤全层和皮下组织后,去除过多的血液,让真皮层朝下,平放防止卷曲和变形,然后放入固定液中进行固定(如 10% 甲醛溶液),若要进行免疫荧光染色,则使用 michel' medium 固定。如果怀疑有感染,可以放入无菌容器中送检,以便做细菌或真菌培养。

增加皮肤活组织检查的可靠性:

(1)采样前几周停止使用糖皮质激素,并治疗继发细菌感染,为进行活组织检查排除继发或医源性的病理变化。

(2)依据患病动物的具体状况和采样部位,选择镇静或轻柔保定;若是局麻,则要求不含肾上腺素,防止人为因素造成的组织样品血管系统的变化。

(3)疑似内分泌或萎缩性疾病,建议待病变充分成熟后采样,以便结果体现更多的病理特征。

(4)从不同的代表性区域取样,样本应含病变部位和非病变部位的皮肤。取样至少 3 处,严格来说所有的病变部位都应该进行活组织取样,所有异常组织都应活检。

(5)将病史、临床症状、诊疗效果等信息和鉴别诊断单提交给病理学专家,使组织病理学报告中含有病变描述、鉴别诊断的依据。

(6)样品最好是取自原发性皮肤病变的部位,继发性病变对诊断可能会有一定的作用但意义不是那么重要。

(7)面部和爪垫采样需要全麻。在取样过程中这些部位比较敏感,但通常又是自体免疫性皮肤病受影响的部位,故取样时要镇静和全身麻醉。

四、检查方法

(一)放大镜法和湿纸试验

在良好的光线下,使用手持放大镜或皮肤诊疗专用放大镜,靠近原发病变处进行详细检查，也可以剪掉被毛观察皮肤表面。但这样不能完全鉴别体表寄生虫的种类，如跳蚤、虱子、姬螯螨等。

跳蚤湿纸试验　收集用跳蚤梳或硬塑料梳子梳理下的碎屑，放在潮湿的白纸上，检查有无含可溶性血色素的跳蚤粪便，黑色的跳蚤粪便会将湿纸染红，见图 3-27。

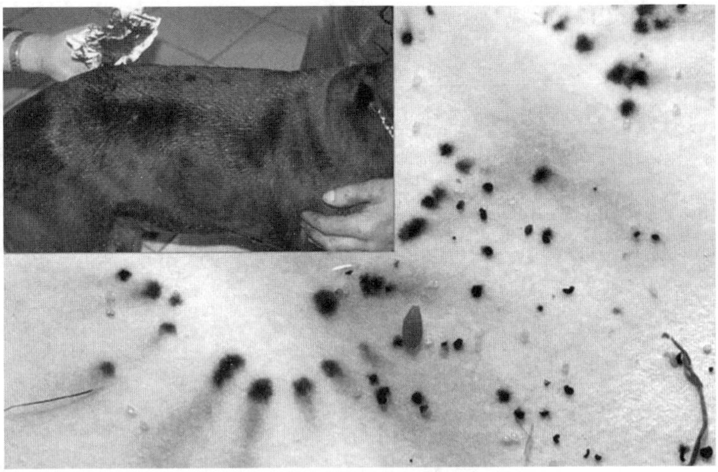

图 3-27　湿纸试验（董军）

（二）伍德氏灯检查法

伍德氏灯又称伍氏灯或过滤紫外线灯，它是通过含氢化镍滤片而获得 320～400 nm 长波紫外线，是目前皮肤病常见的临床诊断设备。常用来识别散发荧光的癣菌感染。

使用方法：伍氏灯使用前必须充分预热至少 5 min，以产生稳定的光波。将患病动物置身暗室，进行多次照射，检查被毛、感染部位有无标志性的绿色荧光（图 3-28）。也可用于选择感染了小分生孢子的毛发，以便做培养来确诊疾病。

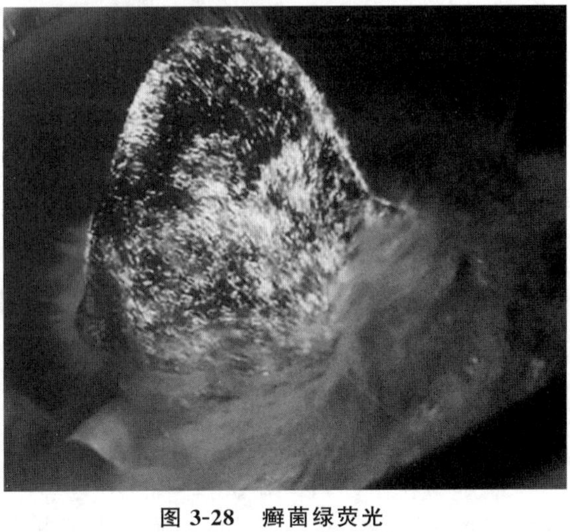

图 3-28　癣菌绿荧光

但是，并非所有小孢子属的菌株都会有荧光反应，阳性反应预计接近 50%。有时，受感染的毛发需要在伍氏灯下变暖才能显现出荧光反应，这易造成检查出现假阴性。也有少数情况，如某些局部用药、皮屑或鳞屑、细菌等引起荧光反应而出现假阳性。若想诊断皮肤癣菌病，荧光反应应出现在被毛干上，而不是皮肤或皮屑上。所有的真菌性感染建议通过真菌培养来确诊。

（三）显微镜检查法

显微镜是皮肤病诊断的主要仪器设备，毛发结构、细菌、真菌、寄生虫、肿瘤细胞学等一系列检查都依赖于显微镜的镜检。显微镜一般具有低倍、高倍及油镜物镜。镜检时先使用低倍物镜，然后根据需要选择高倍物镜观察微生物的细微结构。

1. 毛发镜检

将毛发用透明胶带贴在玻片上，或滴加石蜡油放在玻片上进行观察（图 3-29）。检查毛尖是否正常，有无断裂或受损的迹象；检查毛根，评估是处于生长期还是终止期；记录生长期和终止期毛发的数量，以及主毛和次毛的数量；当拔出的毛根有包囊物时，也可能检出粉刺和毛囊管型；拔毛也可检出蠕形螨。

2. 微生物镜查

将皮肤刮片、直接压片、透明胶带、耳道分泌物、细针抽吸等方法获得的样品直接进行显微镜检查，或者通过染色干燥后置于显微镜下检查（图 3-30），以对病情进行详细的诊断。

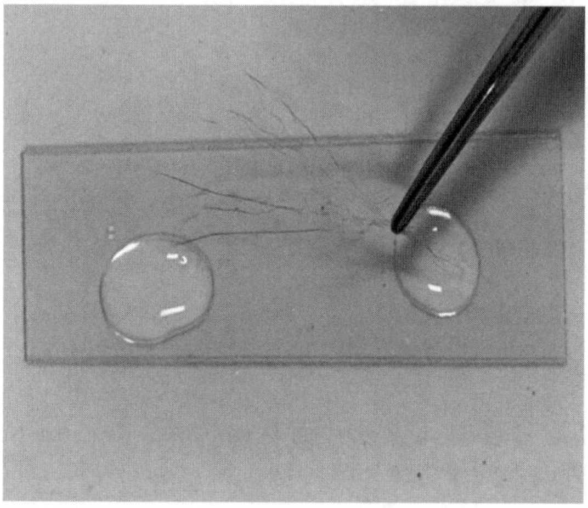

图 3-29　拔毛放在载玻片上

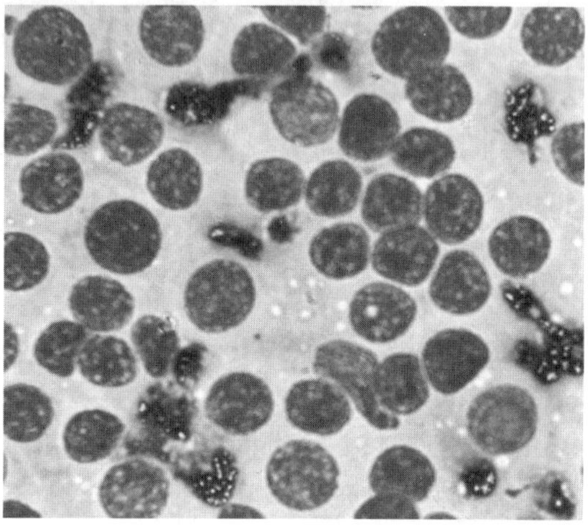

图 3-30　皮肤肿瘤细胞镜检

（四）微生物培养法

1. 细菌培养

细菌培养是一种用人工方法使细菌生长繁殖的技术，在动物皮肤病检查中，主要用于细菌培养鉴定和药物敏感试验较多。细菌培养的方法是：用无菌棉签蘸取新鲜病料，或用无菌注射器抽吸未破溃脓疱接种到培养基上。活组织做细菌培养需装在无菌容器中送检。无条件的地方可无菌采样后，送到专业诊断实验室进行培养诊断。培养基有巧克力琼脂培养基、厌氧培养基、选择培养基等。

2. 真菌培养

沙氏葡萄糖琼脂培养基是常用的真菌培养基，这有助于菌落增殖和明显的着色变化。在培养过程中加入抗生素（如庆大霉素或氯霉素）和放线菌酮在培养基中，可阻止细菌的过度生长。真菌培养适用于筛查无症状的癣菌感染病，或评估经过治疗感染是否清除。操作方法是：采用新的或无菌的牙刷梳理被毛，然后接种到真菌培养基中，恒温培养后观察。

致病真菌利用蛋白营养产生的碱性代谢产物，可使真菌培养基 pH 指示剂颜色变红，有杂菌增殖时培养基是黄-橙色。培养过程中每天检查，以便观察到致病真菌导致颜色变化的起始。在医院内部实验室用 DTM 培养基，结果可能出现假阳性或假阴性，建议送检到专业诊断实验室。

(五)PCR 技术

PCR 技术是模拟体内 DNA 的天然复制过程，在体外扩增 DNA 分子的一种分子生物学技术，目前广泛应用于生物学和医学实验室。PCR 技术在兽医临床门诊上还未广泛应用，有一些实验室利用 PCR 检测皮肤病原真菌、分枝杆菌、犬猫传染病等微生物。因为 PCR 技术发展非常快速，与诊断实验室的合作对疾病诊断的可靠性具有一定的意义。

(六)免疫染色技术

免疫染色技术包括免疫荧光、免疫组化等。直接免疫荧光法应用于兽医临床已有多年，但是该方法的准确性和重复性具有一定的争议。

免疫组织化学又称免疫细胞化学，是使用抗原抗体的特异性反应来定位组织和细胞中某一特定物质的一种方法，帮助区分肿瘤良恶性，明确肿瘤分型，对预后及指导治疗具有重要意义。

免疫染色：通过标准活组织检查技术收集皮肤样品，将样品放于 Michelle's 防腐剂中；免疫过氧化物酶染色时，将样品放于 10%福尔马林中。为增加测试的可靠性，根据样品要求，可与专业的诊断实验室联系。

(七)玻片压诊法

玻片压诊法是选择透明洁净的载玻片或透明特制的压舌板，按压于皮损处，以观察皮疹的颜色改变，是一种皮肤病的辅助诊断方法。

玻片压诊的方法是：将载玻片用力压在红色病变处 10～20 s，并施加一定的压力，观察施压后病变处皮肤颜色的变化。载玻片下的皮肤要么是白色，意味着血液被排出该部位；要么是红色。一般的炎性红斑、毛细血管扩张或血管瘤会在压力下消失；淤斑是因为血液流出血管造成的，在一定压力下淤斑、淤点、色素沉着等病变皮肤仍然是红色；风疹样病变通常是因为血管扩张引起渗出性变化，但是没有红细胞出现，红色病变会在一定压力下呈现白色。

(八)过敏测试

1. 血清免疫球蛋白 E 试验(IgE 试验)

变态反应性疾病与血清免疫球蛋白 E(IgE)密切相关，血清 IgE 属于机体免疫球蛋白的一种类型。发生过敏反应的动物，其血清免疫球蛋白 E 水平会升高，IgE 可以促发、推进Ⅰ型变态反应。因此检测血清中总 IgE 和特异性 IgE 的含量，对于Ⅰ型变态反应的诊断和过敏原的确定很有价值。故 IgE 在血清中含量过高，常提示遗传过敏体质，或Ⅰ型变态反应的存在。

在正常情况下，血清中的 IgE 含量极小，必须采用高度敏感的放射免疫测定法，或酶联免疫测定法(ELISA 法)，才能进行血清 IgE 的检测。由于 ELISA 法操作方便，敏感性也高，在临床上经常应用。

2. 过敏原皮内试验

过敏原皮内试验是近年来一种较好的诊断异位性皮炎的方法，被广泛应用。过敏原皮内试验可以对发生过敏反应的皮肤进行检测，大多数宠物能够耐受检测过程，并且结果可信度也较高。

宠物在试验前，抗组胺药需停药2周左右，类固醇药需停药至少4周。提供至少40种以上的过敏原，以保证足够的过敏原测试范围。

试验方法：①待检测动物镇静以减少应激；②用毛推或其他剃毛工具在胸部两侧修剪一定的无毛区域并做好清洁，注意不要损伤皮肤；③用记号笔画一网格状提示注射的部位；④使用特殊的皮内注射器，过敏原少量（0.05～0.1 mL）皮内注射后30 min左右进行评估（图3-31）。

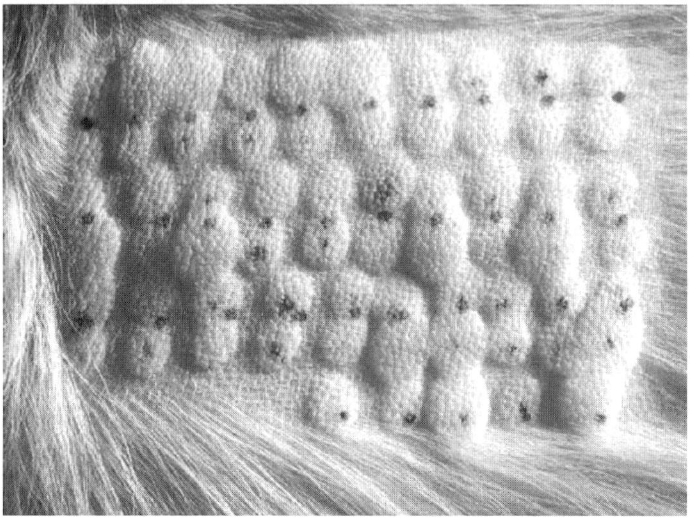

图3-31　皮内过敏原试验的风疹块（董军）

生理盐水注射作为对照组，评估每个过敏原皮内注射部位的红斑和反应程度。皮内注射后30 min内出现风疹块即为反应阳性（图3-31）；皮内注射24～48 h出现浸润性结节为迟缓反应阳性。阳性表现为：在反应边缘有明显突起，出现红疹和锐性突起。阴性表现为：在注射部位出现一定程度的膨胀，但是不会出现红疹和锐性突起。

理想的过敏测试应该是血清免疫球蛋白和皮内过敏原同时检测。

3.食物过敏测试

宠物常见的皮肤过敏原因有异位性皮炎和食物过敏。两者都不能通过皮肤化验或抽血诊断，只能通过排除其他原因的瘙痒症来得出过敏结论。异位性皮炎和食物过敏的诊断方法是通过食物排除试验，排除食物过敏，才知道是否存在异位性皮炎。

食物过敏时皮肤通常很痒，但是其他很多种皮肤病也会瘙痒，因此必须先排除寄生虫、癣菌、脓皮病等其他瘙痒性皮肤病，得出宠物的皮肤病是过敏的诊断结论后，就要进行食物排除试验。

斑点测试主要应用于人的过敏检测，在宠物上应用还存在一定的争议。

（九）治疗性诊断试验

1.跳蚤过敏性皮炎

这是一种常见的皮肤病，洗澡可有效移除跳蚤和虱子，使患病动物的症状出现明显改善。腰部皮炎和所有瘙痒的猫都应该进行跳蚤性皮炎治疗性测试，临床上赛拉菌素（大宠爱）、吡虫啉（爱沃克）等在治疗跳蚤性皮炎上效果非常好。对跳蚤过敏的宠物应该定期进行给药治疗。在跳蚤与虱子大量存在的环境中，需要花很久的时间才能降低跳蚤与虱子的数量，此时，主人可能会认为治疗的效果不佳。

2. 猫蠕形螨病治疗性诊断

猫蠕形螨病由蠕形螨引起，具有传染性，表现为脱毛、瘙痒，在美国南部高发。由于猫蠕形螨较难诊断，因此，常给予 4～6 周的石硫合剂治疗，作为猫蠕形螨病的治疗性诊断。

第三章彩图

HAPTER 4 第四章　寄生虫性皮肤病

常见的寄生虫性皮肤病有：跳蚤、虱子、蜱、蠕形螨、疥螨、耳痒螨等。体表寄生虫造成的皮肤病有：钩虫幼虫性皮炎、犬恶丝虫的微丝蚴皮炎等。其中以体表寄生虫最为常见。

第一节　跳蚤

跳蚤是昆虫纲蚤目完全变态类节肢动物，俗称革子，是小型、无翅、善跳跃的寄生性昆虫。由栉首蚤寄生于犬猫体表引起的病症，多寄生于腰背部、尾根部、腹后部和四肢内侧，叮咬吸血，分泌毒素，引起犬猫剧烈瘙痒。感染动物出现搔抓、啃咬，严重者出现皮炎和贫血等症状。体表的跳蚤通常是犬栉首蚤和猫栉首蚤。

一、种类与形态

1. 犬栉首蚤

犬栉首蚤是多宿主寄生虫，可寄生于犬、猫和人体表，通常感染犬和野生犬科动物。一般为 2 mm 左右，呈左右扁平状，腹部较大，胸部较小；有 3 对足，其中第 3 对足发达，跳跃能力强；头呈三角形状，口器由 3 个成束状口针构成，通过穿刺方式吸取组织液或血液，头两侧有 1 对单眼；蚤腹部分节清晰，共 10 节，外生殖器处于第 3 节腹侧。

该蚤叮咬引起皮肤损伤的同时，还传播鼠疫、伤寒和绦虫病等多种疾病。临床症状是犬的头部、尾根、背部、腹部和四肢内侧等处瘙痒，犬在频繁舔舐啃咬过程中，引起皮肤红肿、脱毛，严重者并发感染细菌性或真菌性皮炎。

2. 猫栉首蚤

猫栉首蚤为世界性广布品种，宿主主要为食肉类动物，尤其以猫、狗等多见。由于猫和狗与人类接触密切，在日常生活中，该蚤叮吸人血引起的过敏性皮炎最为常见。此外，它也是犬腹殖绦虫的中间宿主。

二、生活史

跳蚤的生长发育过程有 4 个阶段：卵、幼虫、蛹和成虫（图 4-1）。

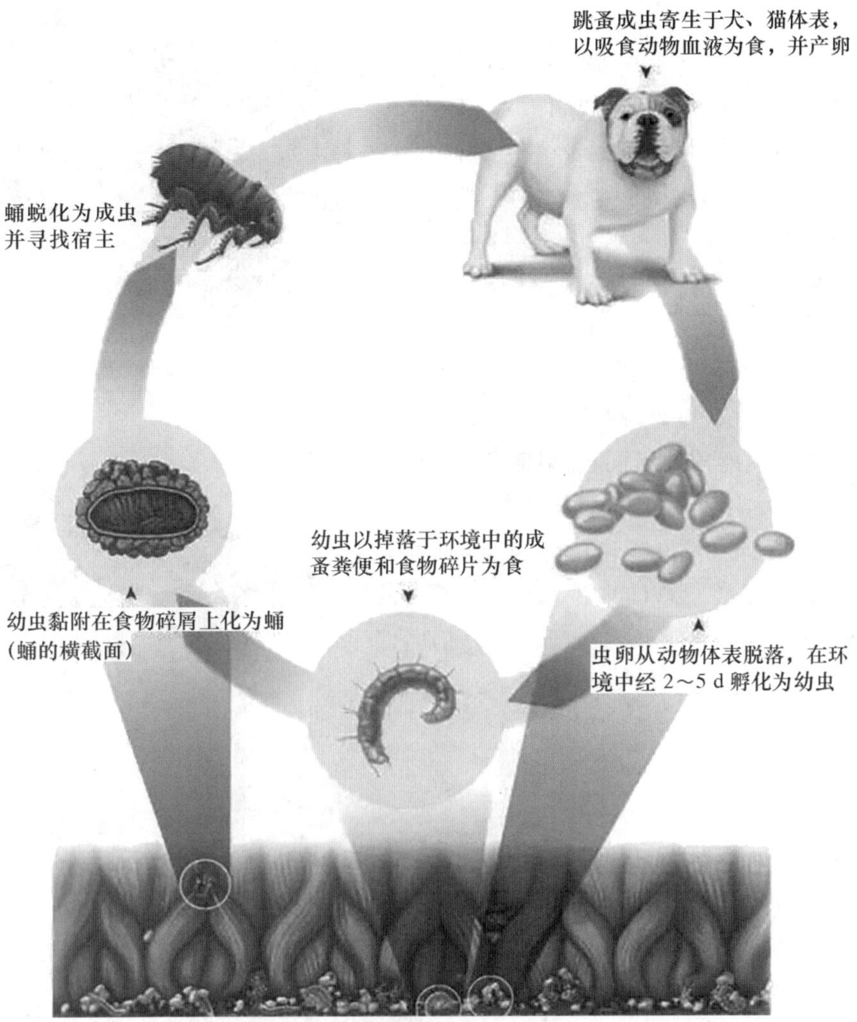

图 4-1　跳蚤发育史(网络)

1. 卵

跳蚤卵是白色圆形或椭圆形的,可在生活环境中、动物身上、泥土里找到。跳蚤卵外表光滑,在行动的时候会散落在环境中的各个地方,见图 4-2。成虫产卵分为若干批,吸血可促成下一批卵的成熟,1 个雌蚤一生可产卵 200～400 个。

2. 幼虫

跳蚤幼虫的形状很像最小的蚕,但颜色是白色或乳黄色的,身体有些透明,没有腿,全身有鬃,行动很活泼,能自由生活。身体除去头部以外分为 13 节,含 3 个胸节和 10 个腹节。口器为咀嚼式的,幼虫以灰尘中的有机物和跳蚤成虫的粪便作食料。它们怕光、怕干燥。经过脱皮 3 次后幼虫即长成而进入蛹期。

跳蚤有 3 种幼虫:一龄幼虫和二龄幼虫以植物和动物性物质(包括成年跳蚤的排泄物)为食物。三龄幼虫只作茧,不吃食。茧为卵圆形,不易被人发现,它通常附在犬的垫料上,几天后化蛹,总过程大约需要 2 周时间,即从卵发育为成年跳蚤。

3. 蛹

在变蛹之前，长成的幼虫自制一个半透明的丝质的茧把身体包住。茧的外层常粘住一些砂粒或有机物渣滓等，或者由网状的细丝支架在粗糙物的表面，在茧内它脱去幼虫最后的一次皮成为蛹。这时头、胸、腹都已具雏形，口器、触角和腿已能看得出来，但它是不吃不动的。经过一定时间成虫破茧而出。

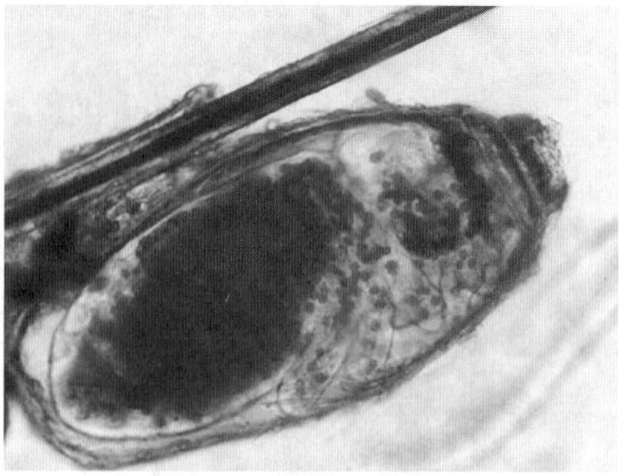
图 4-2　跳蚤虫卵

4. 成虫

成虫(图 4-3)能跳跃行动，雌雄均能找到宿主吸血，能交尾并产卵，颜色各种不同，自乳黄至深棕色。在适宜的环境中，可生活 1 年以上甚至 2 年。全部生活史的完成短至 2～3 周，长至 1 年以上，食物和气候是主要的影响因素。总体来说，跳蚤生活史的进行是比较慢的，但由于它们寿命较长，所以仍能保持很多的数量。

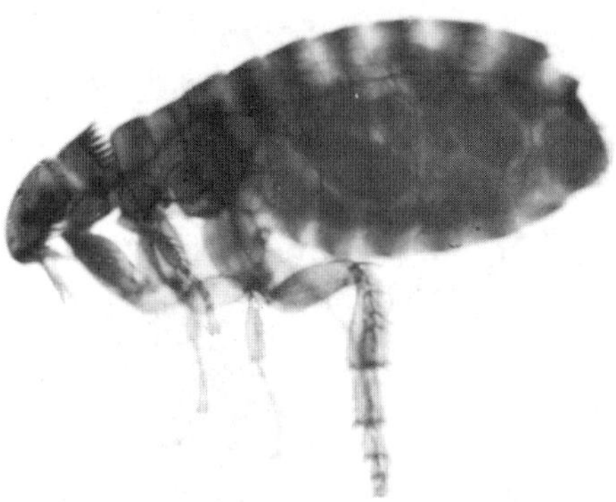
图 4-3　跳蚤成虫

三、临床症状

跳蚤主要寄生于犬、猫的头部、颈部、背部、腹部、尾根部、肛周和四肢内侧等被毛密集的区域，较严重的遍布全身。受到感染的皮肤由于跳蚤的叮咬而剧烈瘙痒，动物表现为焦虑、精神不安、频频回顾瘙痒区，对瘙痒区使劲地抓挠或用牙齿啃咬，病情严重的甚至被抓挠或啃咬至皮肤出血，见图 4-4。长期患该病的犬类，将出现营养性贫血，采食量下降，睡眠不足，动物明显消瘦，毛色暗淡，精神萎靡不振。受危害区初期损伤较轻时出现过敏性红肿，随着时间的延长，部分毛囊受到破坏，被毛脱落易折断，皮肤表层出现脱皮现象，体表患病比较集中的区域皮肤明显增厚，被覆结痂或溃烂，蔓延不愈，从而导致继发真菌、细菌或病毒性皮肤病的风险增大，最终易形成久治不愈的混合型皮肤病，用药复杂度提高，治愈难度很大。一般患过蚤性皮肤病的犬猫，再次患病的症状较轻。

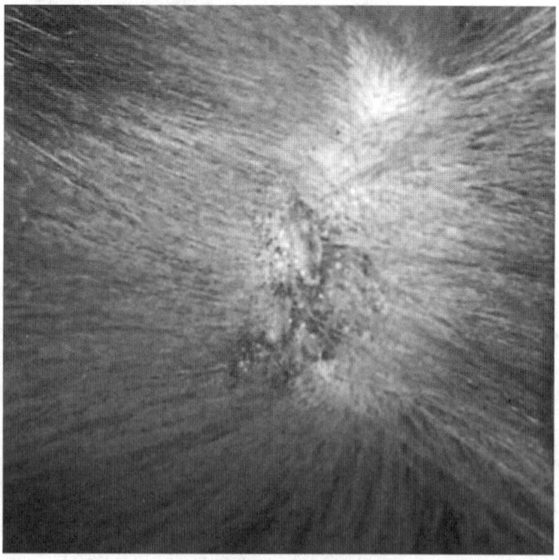
图 4-4　跳蚤叮咬后皮肤出血

四、诊断要点

跳蚤危害宠物体皮肤，表现为瘙痒难忍，不断抓挠和啃咬，精神状态不佳等临床症状。跳蚤常聚集于动物耳根、尾根、四肢内侧和乳房周围等皮肤薄的区域，拨开被毛可以用肉眼观察到跳蚤爬行或跳动，即可初步确诊。

除了根据临床症状，观察到跳蚤成虫诊断外（图 4-5），通过跳蚤粪便的湿纸试验也是常用的诊断方法之一。方法是将梳理下的碎屑放在潮湿的白纸上，因为跳蚤粪便含有可溶的血色素，几分钟后，黑色的跳蚤粪便会将湿纸染红，见图 4-6。

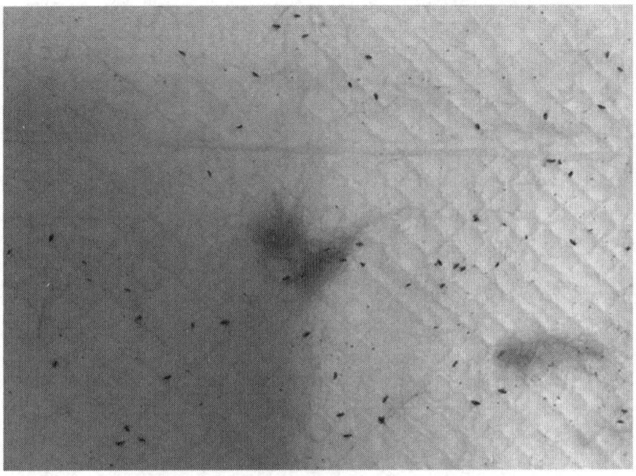

图 4-5　猫身上梳下的跳蚤成虫

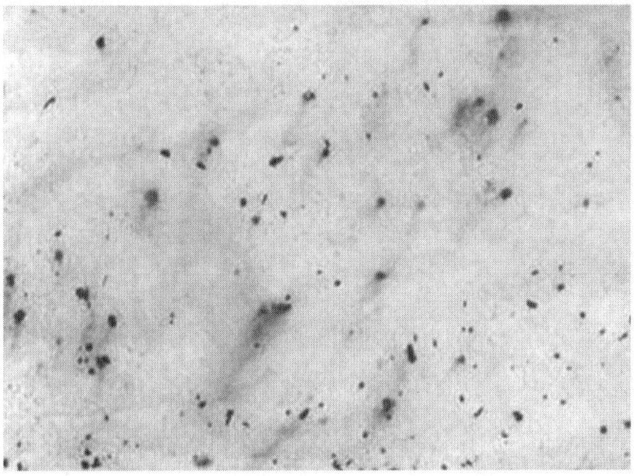

图 4-6　跳蚤湿纸试验（跳蚤粪扩散开的血色素）

五、防治

1.环境卫生

保持宠物活动环境及体表卫生是预防跳蚤皮肤病的关键。跳蚤常在温暖潮湿的环境中繁衍，因此，对墙角、砖缝、杂物堆积处要保持通风和干燥，经常清扫和喷洒杀灭跳蚤的药物。在日常喂养中，要注意清理粪便和尿液污染的区域。

2.体表清洁

经常保持宠物体表清洁，经常清洗和梳理被毛，一般每周至少进行一次清洁工作。洗护应选宠物专用的驱蚤性功能香波。

3.预防跳蚤

在日常保健过程中，定期对宠物体外进行预防性用药，如大宠爱、爱沃克等滴剂，也可用尼可信等口服药，或者佩带驱蚤项圈（宝路、拜耳、辉瑞等）。

4.跳蚤治疗

已患有蚤性皮肤病的动物，可采用内服和外用相结合的办法治疗。由于在环境中还会散落大量的未死亡虫体，应及时清理，防止蚤性皮肤病的再次暴发。同时要注意人感染跳蚤。

第二节　虱

虱子属昆虫纲虱目，寄生于哺乳动物和鸟类身上。体型较小，无翅，体背腹扁平，寄生于毛发处，有善于勾住毛发的足，是一种永久性体外寄生虫，也是一类无翅小型寄生昆虫的统称。

一、种类与形态

虱为渐变态发育，终生寄生于宿主体表，以宿主血液、毛发、皮屑等为食。寄生在犬猫身上的虱主要分为长颚虱和毛虱。长颚虱主要吸血，身体呈圆锥形，长 1.5～2 mm，终生不离开动物身体。毛虱外形短宽，约 2 mm 长，黄色带黑斑，主要吃毛和皮屑。

二、生活史

虱为渐变态发育，生活史中有卵、若虫和成虫 3 期。

卵呈椭圆形、约 0.8 mm×0.3 mm，白色，俗称虮子，黏附在毛发或纤维上，其游离端有盖，上有气孔和小室，见图 4-7。雌虱一生可产卵达 300 个，产完卵后不久便会死去。卵经 7 d 左右变成若虫，从卵盖处孵出，其外形与成虫相似，但较小，尤以腹部较短，生殖器官尚未发育成熟。若虫能吸血，经 3 次蜕皮变成成虫，见图 4-8。成虫可存活 30～40 d。

虱繁殖最旺的季节是在秋冬季节，因为这时候动物身上的毛浓密，夏天虱离开体表后很快会死亡。

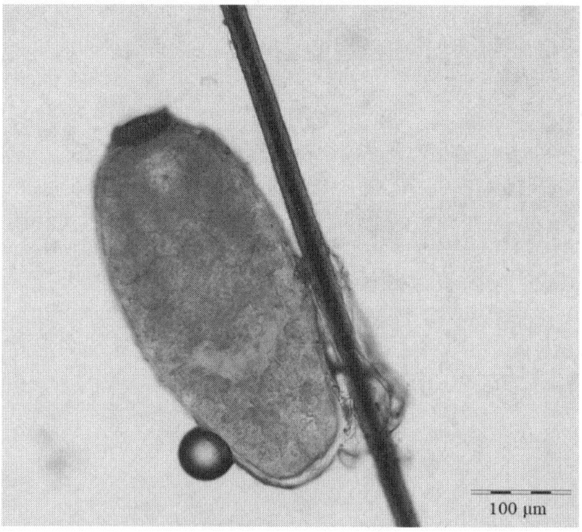

图 4-7　虱虫卵

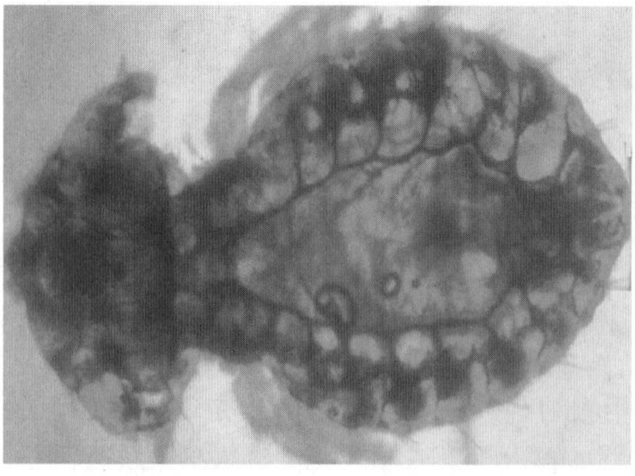

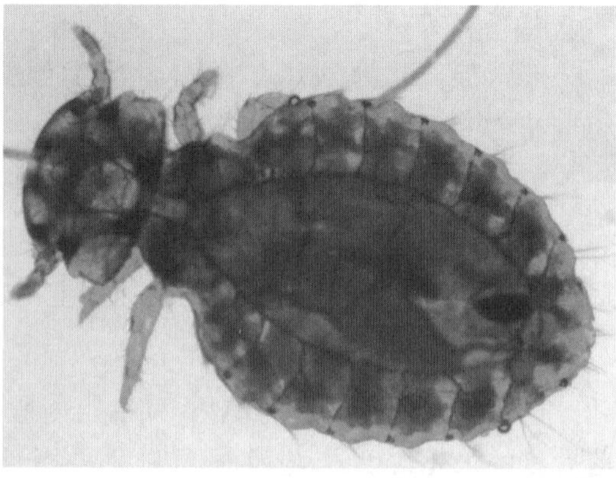

图 4-8　虱子成虫

三、临床症状

虱在宠物体表吸血时可以分泌毒素，刺激神经末梢，引起皮肤剧烈瘙痒，所以宠物一般会表现不安搔抓，干扰其正常生活作息，特别是幼犬，严重者引发身体虚弱、贫血、厌食等。大量感染时，严重搔抓后皮肤破溃还可能引起皮炎，导致继发细菌感染，形成脓疮，甚至出现脱毛、掉毛、精神沉郁等症状。往往感染后的皮肤抵抗力变差，易被其他疾病感染。

虱子感染的宠物身上常有一些凹凸不平的结节。虱吸血时还可以传播多种疾病。肉眼或用放大镜可见到虱子甚至虱子窝，见图 4-9。

犬毛虱还是犬复孔绦虫的传播者。

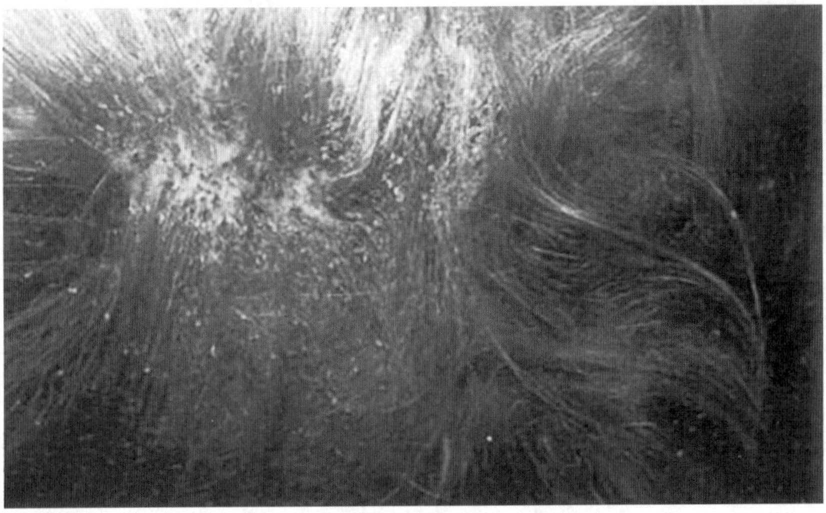

图 4-9　毛发上大量虱子(董军)

四、诊断要点

因为犬毛虱以毛和表皮鳞屑为食，所以它造成犬瘙痒和不安，犬啃咬瘙痒处而自我损伤，引起脱毛，继发湿疹、丘疹、水泡、脓疱等，严重时食欲差，影响犬的睡眠，造成犬的营养不良。

五、防治方法

(1)环境卫生。做好环境卫生，保持干燥，减少虱子滋生的环境。

(2)体表清洁。饲养过程中加强管理，保持宠物体表清洁卫生，让虱子没有安逸的生存空间。

(3)预防：①定期检查和使用体外寄生虫滴剂，如大宠爱、爱沃克、福来恩等。②定期药浴也是一种有效的方式。

(4)治疗：①使用体外寄生虫滴剂。②注射杀虫针剂，如害获灭。③对虱子感染的皮肤损伤可以使用一些修复皮肤的外用药，加速康复。

第三节　蜱虫

蜱在分类上属于节肢动物蛛形纲蜱螨目总科，俗称壁虱、扁虱、草爬虫、犬豆子、八脚子等。常蛰伏在浅山丘陵的草丛上，蜱虫极喜欢皮毛丛密的动物。蜱虫也是一种引起人畜共患病的寄生虫。

一、种类与形态

蜱是一种不完全变态动物，种类多，分布在世界各个角落，野外草丛野生动物身上较多。全世界已知蜱类800余种，我国发现110余种，各省都有分布，不同地区蜱种类不同。

蜱虫呈红褐色或灰褐色，长卵圆形，背腹扁平，从芝麻粒到米粒大小不等。不吸血时如绿豆大小，吸饮血液后有饱满的黄豆大小，大的可达指甲盖大小。蜱大多生活在草地、农田、森林等野外环境，因蜱的种类不同而异。一般须具备较适宜的温、湿度条件。

二、生活史

蜱的一生包括卵、幼虫、若虫和成虫4个阶段。蜱的卵较小，呈卵圆形，一般为黄褐色。虫卵发育为幼虫，幼虫发育为若虫，若虫发育为成虫(图4-10、图4-11)，蜱的幼虫、若虫和成虫分别在3种宿主体上寄生，其中成虫、若虫有8条腿，幼虫有6条腿。成虫附着并寄生于动物体表，吸饱血的雌蜱膨胀后如黄豆大小，然后离开宿主，落地进行蜕皮或者产卵，一只雌蜱可产下数千枚卵。春夏季节是蜱虫繁殖的高发季节，建议动物少去草丛树木密集的地方；冬季蜱虫基本不活动。蜱离开动物后附着在草上，可叮人、吸血。

图4-10　蜱虫的正面

图4-11　蜱虫的腹面

三、临床症状

宠物在户外草丛中散步时，常被蜱虫叮咬感染。蜱一般寄生在动物皮肤薄、不易被搔到的部位。常表现为皮肤上突然多出豆粒或大一些的黑色赘生物。蜱是媒介生物，通过叮咬吸血可传播病原体，如病毒、细菌、寄生虫等。

蜱虫吸血可造成局部充血、水肿、急性炎症反应，还可引起继发感染。蜱虫叮咬严重的还可引起麻痹症或瘫痪，这要与产后缺钙、骨折等疾病鉴别诊断。蜱麻痹是因为雌蜱虫在犬猫身上吸血时，唾液中分泌一种神经毒素进入血液循环，能抑制肌神经乙酰胆碱的释放，导致运动神经传导障碍，最终肌肉麻痹。这时候呼吸肌也会麻痹，产生呼吸困难，体内二氧化碳含量增多，氧含量减少，因酸中毒而死亡。有些犬被叮咬后，5～7 d 开始表现不安、轻度震颤、步态不稳、无力和跛行，之后症状加重，麻痹的范围逐渐扩大呈上行性发展，患病前肢或后肢不能活动或不能站立，但麻痹部位对刺激仍有反应。成熟的雌蜱会导致犬死亡，但是蜱虫种类多，不是所有的蜱都会导致麻痹症，犬猫感染后并不都会发病，取决于犬猫的抵抗力与蜱的数量等。

四、诊断要点

蜱被发现寄生于犬猫身上，在多数情况下是宠物主人在梳理被毛时，看到并剥下动物身上的“虫”，这就是蜱，体积从小米粒至黄豆大小不等。看到叮咬在皮肤上胀大的蜱虫即可确诊，见图 4-12、图 4-13。

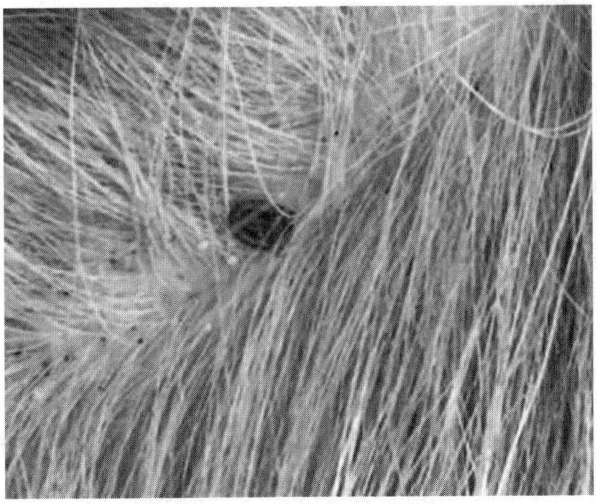

图 4-12　犬感染的蜱虫

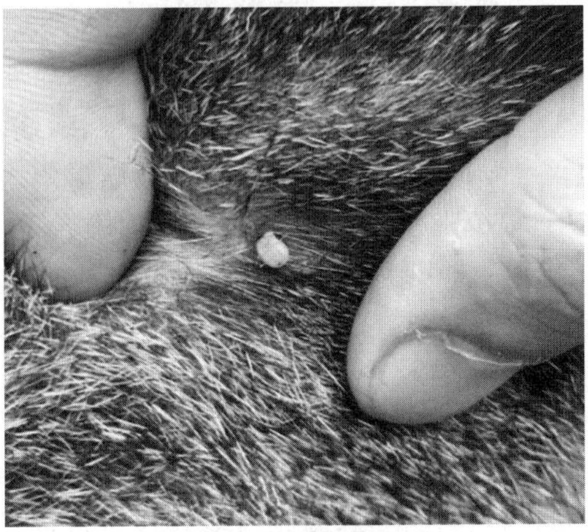

图 4-13　猫感染的蜱虫

五、防治方法

1.环境卫生

保持好环境卫生,减少蜱的生存环境。家庭应定期喷药以预防蜱。有院子的要注意窝的卫生,割掉或烧掉杂草使蜱无栖息之地。当携带宠物外出到蜱类生活地区旅行时,注意仔细检查宠物体表是否有蜱虫附着。

2.体表清洁

经常检查动物的体表,保持身体的洁净。

3.预防

①定期使用体外寄生虫滴剂,如大宠爱、爱沃克等,也可口服尼可信治疗。②减少动物到蜱虫易滋生的环境中,如树林、密集的灌木丛等。

4、治疗

治疗原则是清除体表蜱虫,对症治疗,环境消毒。

(1)感染蜱虫的处置。不可强行取下蜱虫,因为硬取时蜱虫的头部可能会留在动物皮肤内,引起感染。拔取时应使虫体与皮肤垂直,慢慢地拔出假头。最好的方式是使用专用杀蜱药物喷洒后,使蜱虫自行脱落,或者用酒精、乙醚、氯仿等涂在蜱身上,使蜱头部放松或死亡,再用尖头镊子取下蜱。取蜱后用碘酒或酒精处理叮咬处,并观察 1～2 d 有无异常并及时治疗。

(2)使用体表寄生虫滴剂,佩戴防蜱项圈,口服或注射体表寄生虫药物。

(3)如遇大量蜱寄生时,应进行药浴,或清洗被毛后撒药粉进行治疗。

第四节 蠕形螨

犬蠕形螨病又称毛囊虫病或犬脂螨病,是由于犬蠕形螨寄生于犬毛囊或皮脂内而引起的,一种常见且顽固的皮肤病。犬蠕形螨多寄生在犬的眼、耳、唇以及前腿内侧无毛处的毛囊中,很少寄生在皮脂腺,形成与周围界限分明的红斑。各年龄阶段犬均有发生。由于免疫功能下降常引起全身性蠕形螨感染,也常继发细菌、真菌感染,从而引起更为严重的皮肤病。

一、种类及形态

蠕形螨在分类上属于节肢动物门蛛形纲蜱螨目辐螨亚目,是一种皮肤寄生虫。蠕形螨的宿主特异性很强,因此大多数种名是按其宿主命名,如犬蠕形螨、绵羊蠕形螨等。犬蠕形螨体长形呈蠕虫样,半透明乳白色。据调查虫体有大小 2 种,大型虫体致病力较强,虫体分为头、胸和腹 3 部分,头是由 1 对触须及不成对的吸管所组成,从胸部分出 4 对短而粗的腿,见图 4-14、图 4-15。口器由 1 对须肢、1 对刺状螯肢和 1 个口下板组成。胸部有 4 对很短的足,腹部细长,表面密布横纹。雄虫生殖孔开口于背面,雌虫生殖孔则在腹面。

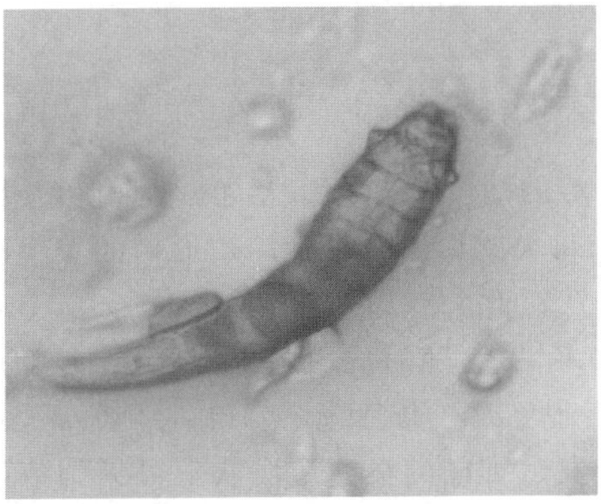

图 4-14　犬蠕形螨正面

图 4-15　犬蠕形螨腹侧

二、生活史

犬蠕形螨生活史有 4 个阶段:卵、幼虫、若虫、成虫。犬蠕形螨虫卵呈纺锤形,见图 4-16。虫体常寄生在犬皮肤的毛囊中,见图 4-17,而且多寄生在皮肤的疱状突起内,并在此完成生活史,整个生活史共需 24 d,见图 4-18。蠕形螨从卵孵化后,由若虫长到成虫直至死亡,生命周期为 15 d 左右。一般认为,蠕形螨具有负趋光性,夜间爬出毛囊、皮脂腺。处在繁殖期、产卵期的蠕形螨会加快蠕动速度,频繁在体表活动,使动物极度瘙痒。

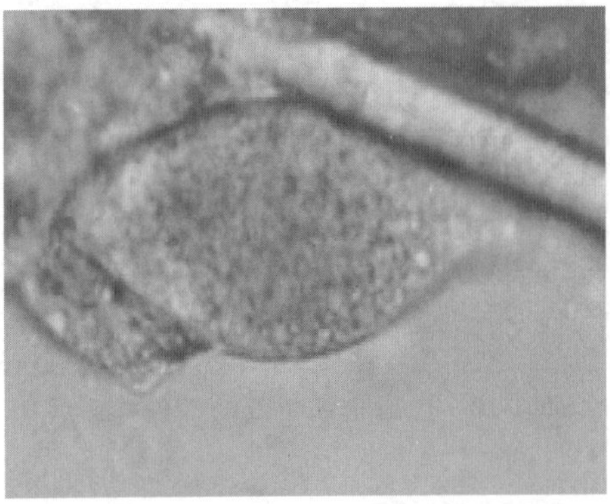

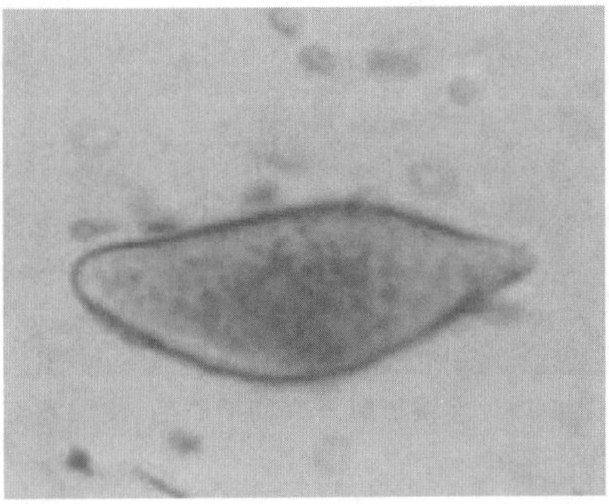

图 4-16　犬蠕形螨虫卵

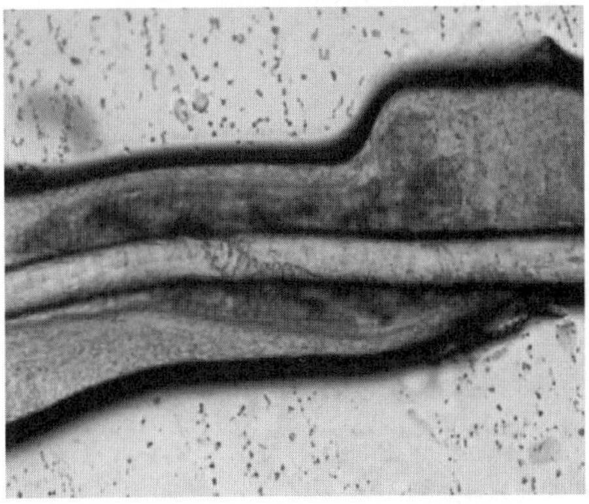

图 4-17　毛囊中的犬蠕形螨

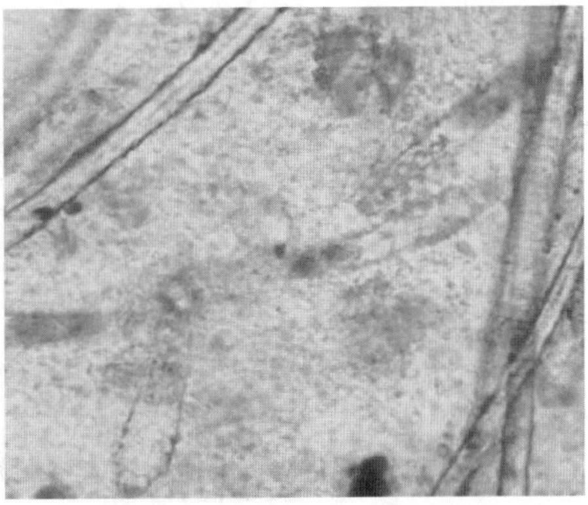

图 4-18　犬蠕形螨各种形态

三、临床症状

各种年龄段的犬均有发生，但多发于3～10月龄的幼龄犬。患病犬和健康犬相互接触可感染，也可通过媒介物间接感染，还可通过胎盘由母犬感染给幼龄犬。蠕形螨的发生有季节性和遗传性。蠕形螨的抵抗力很强，可在外界存活多日。

感染初期患部脱毛，皮肤发红（图4-19）、变厚、多皱皮，随后皮脂腺分泌增强，覆盖有银白色黏性的糠麸样鳞屑（图4-20）。后期皮肤变成淡蓝色或红铜色（图4-21），伴随细菌、真菌等微生物侵入，发展为毛囊炎、脓皮病（图4-22）等，发出难闻的臭味。皮肤上可见到数量不等、与周围界限分明的红斑。红斑多出现在眼、耳、唇和腿内侧的无毛处，蠕形螨面部感染后，会出现红疹、皮褶、脓皮、瘙痒等典型症状，见图4-23，当出现红斑、皮脂溢出和脓性皮炎时，患病动物瘙痒，并常见体表淋巴结病变。蠕形螨病是可造成犬死亡的寄生虫病，严重感染的动物，身体大面积脱毛，浮肿。全身性蠕形螨感染伴随严重的瘙痒以及明显的自我损伤。蠕形螨慢性感染时，感染皮肤粗糙，有脓包、臭味，瘙痒程度高。

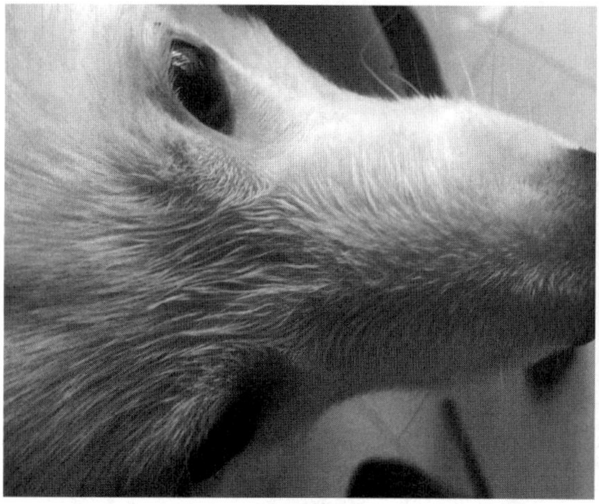
图4-19　犬蠕形螨发病初期脱毛、皮肤发红

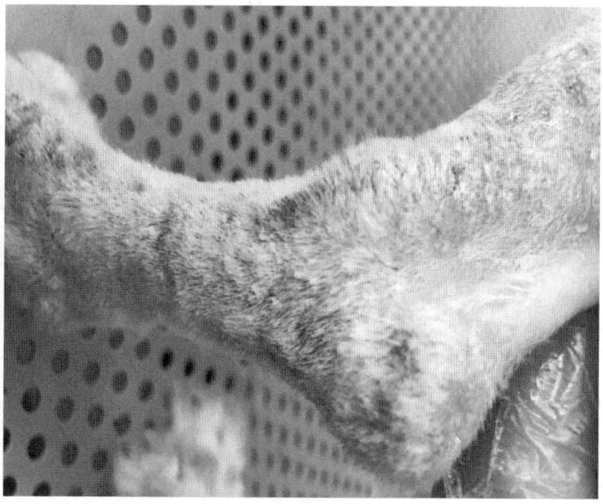
图4-20　犬蠕形螨中期的糠麸样鳞屑

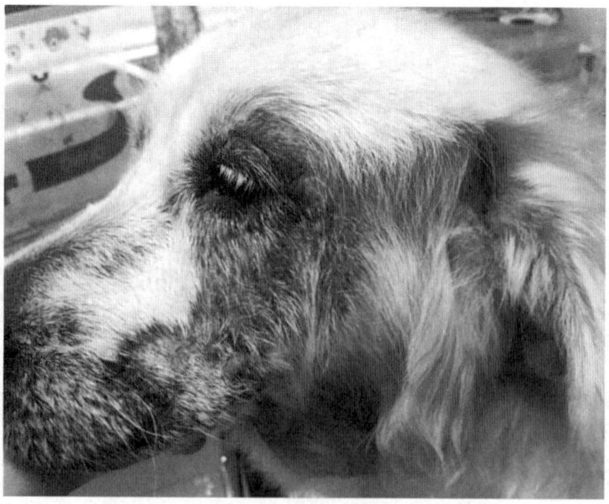
图4-21　犬蠕形螨后期皮肤出现红铜色

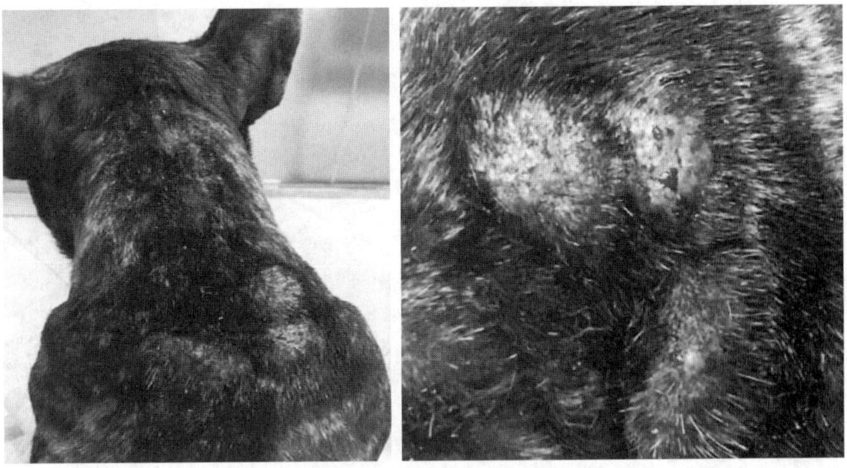

图 4-22　斗牛犬蠕形螨感染形成脓皮症

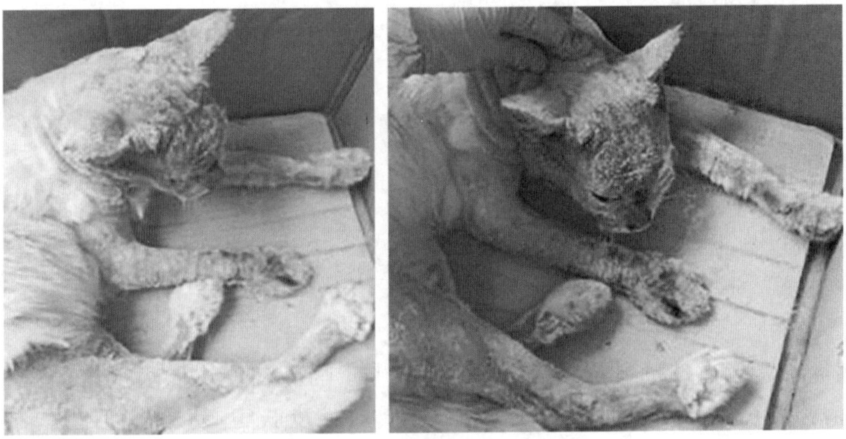

图 4-23　猫蠕形螨感染后严重瘙痒

四、诊断要点

根据临床症状可做出初步诊断。然后采用拔毛、深层皮肤刮片、透明胶带等方法采样镜检，看到蠕形螨(图 4-24)即可确诊。

但临床上并非每个病例都能顺利镜检到蠕形螨，建议在病变处多点多次采样，若实在镜检不到，但又高度怀疑此病时，也可根据病史、临床症状、体表皮肤症状等采用治疗性诊断。

五、防治方法

1. 预防

①注意卫生，保持垫料干燥，定期消毒。②减少与患病动物直接接触；③增强动物皮肤自身的抵抗能力；④定期使用体外寄生虫滴剂。

2. 治疗

(1)治疗犬全身性蠕形螨的方法为口服伊维菌素。不推荐给柯利犬,其他犬种均可适用。但口服时注意第 1 周渐进性增加剂量,同时观察厌食、呕吐等可能的副反应,一旦发现立即停药。治疗蠕形螨感染也可皮下注射"净灭""害获灭"(伊维菌素)、"通灭"(多拉菌素)。

(2)对已产生严重脓皮症、有难闻臭味的动物,推荐使用功能性香波或四硫合剂等药浴治疗。

(3)长时间的抗生素治疗。

(4)均衡食物营养,修复皮肤,增强机体抵抗力。

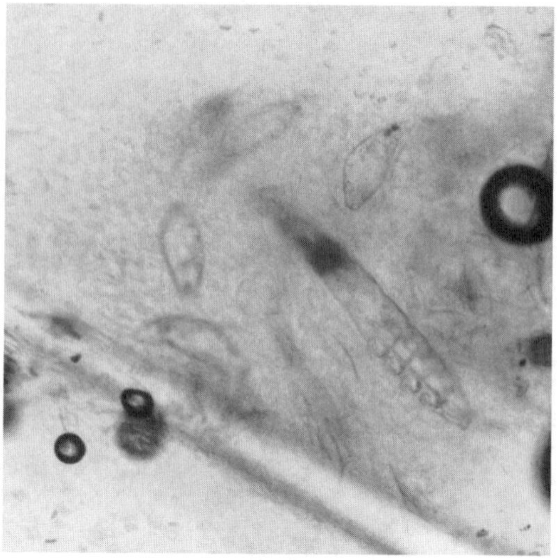

图 4-24 蠕形螨虫卵及蠕形螨

(5)其他药物,如口服米尔贝肟、尼可信,定期使用螨虫滴剂等。用含伊维菌素的浴液涂布患犬皮肤,是有效的辅助疗法之一,同时注意环境灭螨。某些中药外用有一定的辅助治疗作用。

全身严重瘙痒时,可注射地塞米松或口服醋酸泼尼松、扑尔敏,但是不要超过 3 d,否则会助长细菌和真菌的感染。

第五节 疥螨

疥螨病通常是指由疥螨科疥螨属的疥螨,寄生于哺乳动物皮肤表皮内的一种慢性寄生性皮肤病,俗称癞皮病。是一种顽固性、接触性、传染性皮肤病,动物表现剧痒、结痂、脱毛和皮肤增厚的临床特征。

一、种类与形态

疥螨虫体呈龟形,微黄白色、背部隆起、腹部扁平、乳白色。躯体分两部分,前端称背胸部,有第 1 和第 2 对足,后端称背腹部,有第 3 和第 4 对足,体表有细横纹、锥突、鳞片和刚毛,假头后面有 1 对短粗的垂直刚毛,背胸部有 1 块长方形的胸甲,肛门位于背腹部后端的边缘上。虫体腹面有 4 对粗短的足,前后两对足之间的距离较远。在雄虫的第 1、2、4 对足和雌虫的第 1、2 对足上各有 1 个吸盘。在雄虫的第 3 对足和雌虫的第 3、4 对足的末端各有 1 根长刚毛,见图 4-25。疥螨虫体扫描电镜显示,排列于兔疥螨棘突区与刚侧板上的针刺只有 6 对,雌螨生殖孔形成一横沟,横沟上方有一颜色较深的生殖吸盘。疥螨成虫的体壁由表皮和真皮组成,表皮由上表皮、外表皮和内表皮组成,其中上表皮又可分为盖质层和表皮质层,骨骼肌细胞由肌质膜、肌质和核组成。卵呈椭圆形,大小平均为 150 μm×100 μm。

图 4-25　疥螨成虫

二、生活史

疥螨的生活史包括卵、幼虫、若虫、成虫 4 个阶段，见图 4-26。

犬疥螨全部发育过程都在犬身上度过，一般在 1～3 周内完成。疥螨在犬皮肤的表皮上挖凿隧道，雌虫在隧道内产卵，每个雌虫一生可产卵 20～50 个。卵呈圆形或椭圆形，淡黄色，壳薄，卵壳与穴底紧密黏附。卵发育成熟后孵化为幼虫，幼虫有 3 对足，体长 0.11～0.14 mm，幼虫阶段致病力最强。孵化的幼虫移至皮肤表面，在皮肤上凿小洞穴，并在穴内蜕化为若虫。若虫具有 4 对足，可辨出雌雄，雌雄若虫在晚间于表皮进行交配，交配后雄虫大多死亡。雌若虫钻入皮肤挖凿浅的隧道，并在里面蜕变成成虫。雌虫的寿命为 3～4 周，雄虫在交配后死亡。

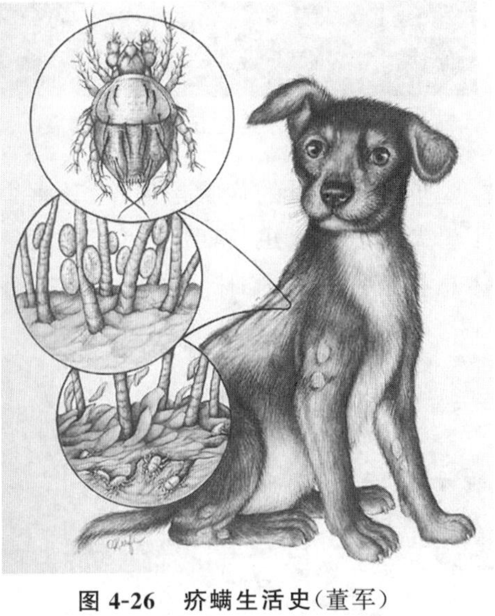

图 4-26　疥螨生活史(董军)

通常从卵发育至成虫需要 10～13 d，而成虫在体内进行卵细胞受精，经 2～3 d 后即在隧道内产卵，每日可产 2～4 枚卵，一生可产卵 40～50 枚，雌螨寿命为 5～6 个月。卵经 3～8 d 孵化，孵化的幼虫移至皮肤表面蜕皮，相继发育为一期若虫、二期若虫和成虫。

疥螨病多发于冬季、秋末和春初。因为这些季节光线照射不足，犬毛密而长，特别是犬舍环境卫生不好、潮湿的情况下，最适合螨虫的发育和繁殖，犬最易发病。

三、临床症状

犬疥螨幼犬发病较严重，多先起于头部、鼻梁、眼眶、耳部及胸部，然后发展到躯干和四肢，好发生于皮肤薄嫩的肘部、胸背等皱褶处，常见粟粒大小红斑丘疹，奇痒难忍，传染性极强。病初皮肤发红有疹状小结，表面有大量麸皮状皮屑（图 4-27），进而皮肤增厚、被毛脱落、表面覆盖痂皮、龟裂（图 4-28）。病犬剧痒，不时用后肢搔抓、摩擦，当有皮肤抓破或痂皮破裂后可出血，有感染时患部可有脓性分泌物，并有臭味。

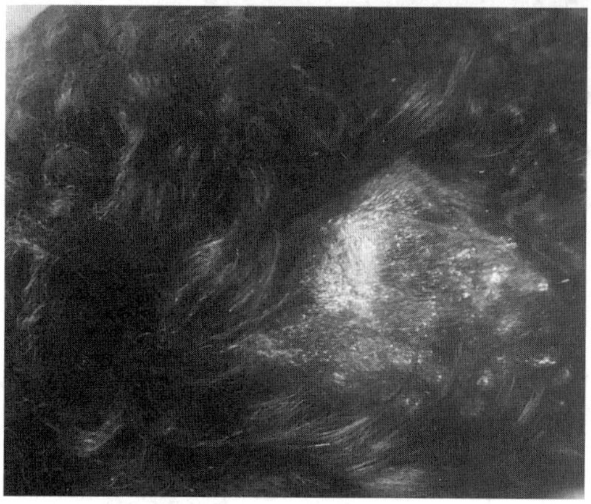

图 4-27　粟粒丘疹，麸皮皮屑

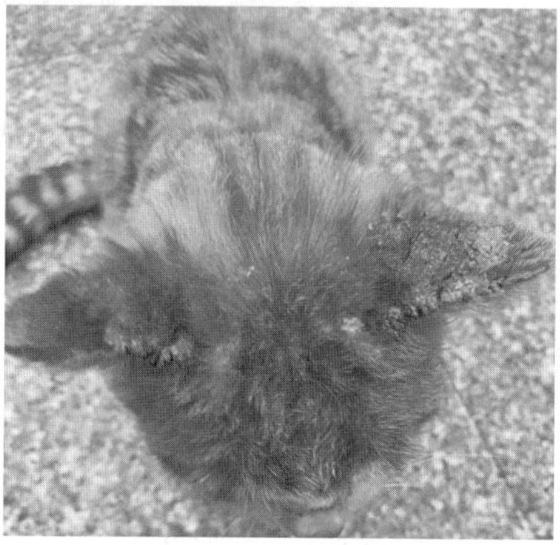

图 4-28　结痂、龟裂

疥螨最常见的症状是瘙痒，其整个致病过程可分为出血、红斑、渗出、结痂 4 个时期。由于患犬皮肤被螨虫长期慢性刺激，犬终日不停啃咬、搔抓、摩擦患部，致使犬烦躁不安，影响休息和正常进食，临床可见病犬脱毛（图 4-29）、日渐消瘦、营养不良，重者可导致死亡。

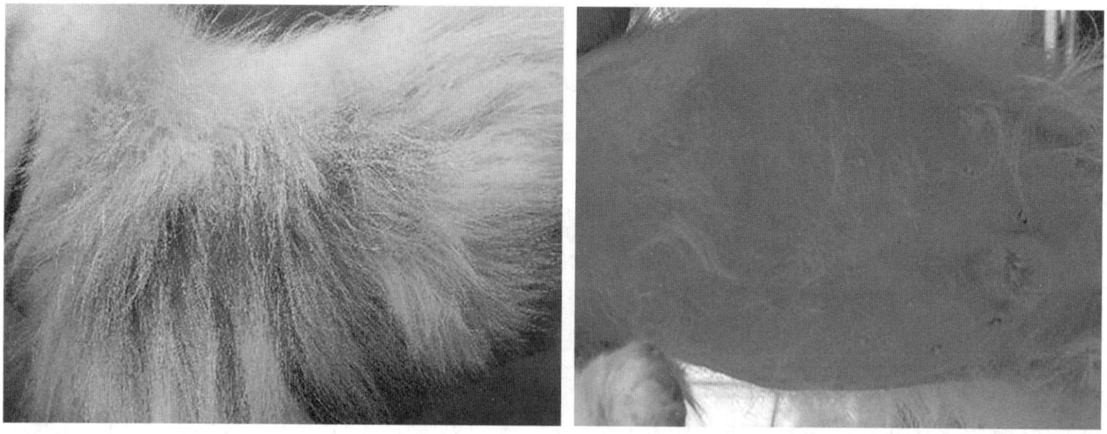

图 4-29　肘部、腹部严重脱毛

四、诊断要点

患犬一般症状为掉毛、皮肤变厚，出现红斑，小块痂皮和鳞屑以及剧烈瘙痒引起的抓伤，继发细菌感染。疥螨常寄生在外耳，严重时波及肘和跗关节部。在临床上，常见腹下部病灶分布较多。

根据临床症状和实验室诊断进行确诊。结合临床症状并从病变部位和健康皮肤交界处刮取皮屑或痂皮置于载玻片上，滴加50%的甘油溶液，显微镜下观察寻找活的疥螨或虫卵即可确诊。

五、防治方法

1. 预防

①注意清洁卫生；②隔离患有疥螨的动物，防止互相感染；③增强动物皮肤自身的抵抗能力；④定期使用体外寄生虫滴剂。

2. 治疗

①将患部被毛剪掉，清洗患部，全身使用功能性香波。②皮下注射伊维菌素等，注意柯利犬。③定期使用治螨类药物，如口服尼可信，体外驱虫滴剂喷剂等。④增强食物营养，恢复皮肤，增强机体抵抗力。⑤抗生素治疗。

第六节　耳痒螨

犬猫的耳痒螨，又称耳螨，是犬猫常见的耳道寄生虫。多数情况寄生于耳道，少数情况也会出现在头部、颈部和尾部。其所致病症多是由耳痒螨属的耳痒螨寄生于外耳道所引起的外耳部炎症。

一、种类及形态

耳痒螨分布于世界各地，通过直接接触进行传播，犬猫感染较为普遍，特别是在犬的哺乳期。目前认为寄生于犬猫的耳痒螨只有一种，即犬耳痒螨。虫体呈椭圆形，足体突出，见图4-30。虫体前端突出一短圆锥形的刺吸型口器。雄虫大小为0.28～0.36 mm，雌虫0.35～0.45 mm。其第3对足有两根细长的毛，第4对足不发达，不能伸出体缘。雄螨每对足末端和雌螨第1、2对足末端均有带柄的吸盘，柄短，不分节。耳痒螨以表皮残渣和组织液为食。宿主包括猫、犬、狐狸和貂。

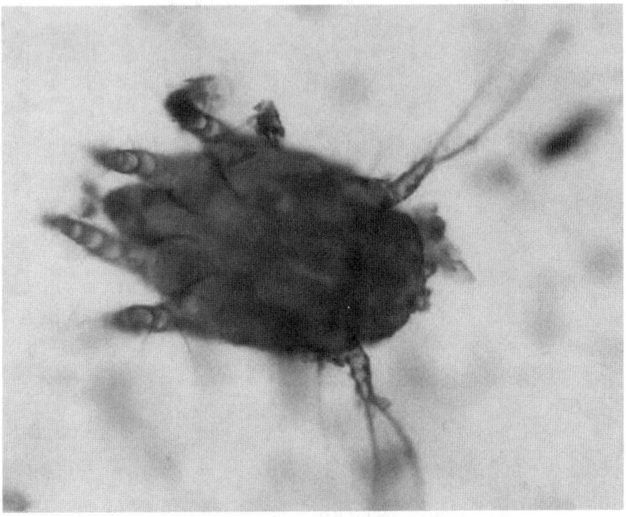

图4-30　耳痒螨形态

二、生活史

耳痒螨的全部发育过程包括卵、幼虫、若虫和成虫 4 个阶段，生命周期 18～28 d，耳痒螨一生约产卵 100 枚，虫卵为白色，卵圆形，一边较平直，见图 4-31。条件适宜时，整个发育需2～3 周，条件不利时可转入 5～6 个月的休眠期，以增加对外界的抵抗力。

耳痒螨的卵经过 4 d 变成幼虫，幼虫在经过原若虫和第二期若虫的阶段后变成成虫，其中雄螨为 1 个若虫期。耳痒螨变成成虫之后马上能受精产卵。犬耳痒螨寄生于犬的外耳道内，具有坚韧的角质表皮，在 6～8℃，空气湿度在 85%～100%的条件下可存活 2 个月以上。离开宿主后能在环境中存活 5～17 d 不等，具体取决于环境的温度和湿度。

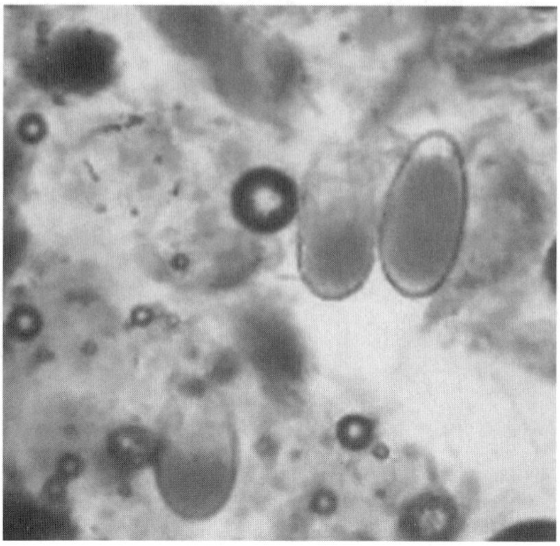

图 4-31　耳痒螨虫卵

三、临床症状

1. 耳道分泌物

耳朵的瘙痒表现为用后肢挠耳朵或甩头。产生红褐色或者黑色的耳道分泌物（图 4-32），由耳油、血、炎症分泌物和耳痒螨本身组成。

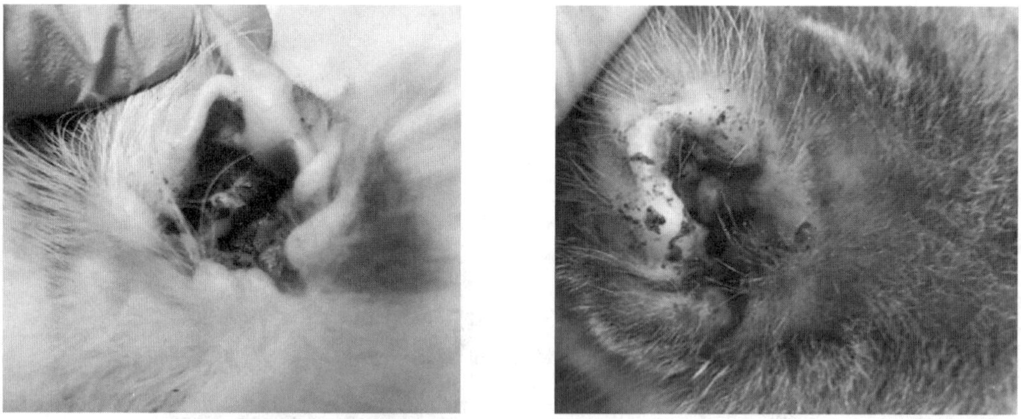

图 4-32　耳道褐色分泌物

2. 搔痒，抓伤

耳痒螨寄生于动物的皮肤表面，采食脱落的上皮细胞。采食时分泌有毒物质，对表皮的神经末梢造成化学性刺激，表现为耳部奇痒。有时触碰患耳痒螨动物的耳道，头部和颈部皮肤会有严重的瘙痒和局部过敏反应，严重的情况可能全身瘙痒，皮肤出现抓痕，见图 4-33。耳部疼痛，拒绝耳道检查。抓搔可能使耳廓外部脱毛、耳血肿。

3. 感染加重

犬猫耳痒螨的早期感染常是双侧性的，进一步发展则整个耳廓广泛性感染，鳞屑明显，角化过度并自己抓伤。更严重的感染则双耳廓有厚的过度角化性鳞屑，见图 4-34，并漫延到头前部。耳痒螨可能会引起大量的耳脂分泌物和淋巴液外溢，继发化脓和细菌感染，造成中耳炎或内耳炎，产生听力受损，失去平衡等症状，重者可继发脑炎和出现神经症状。

图 4-33 耳道搔痒抓痕

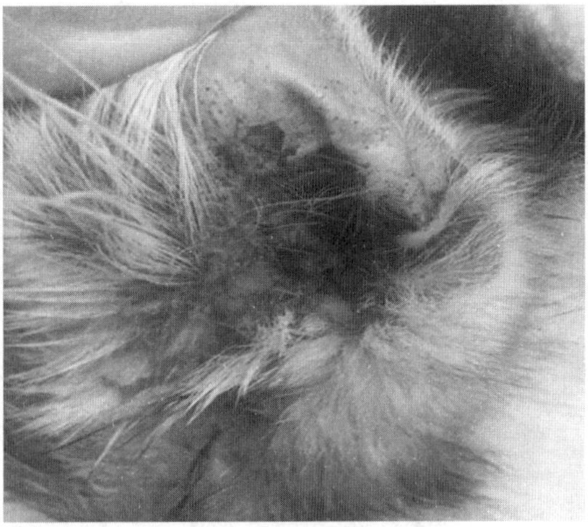

图 4-34 耳道过度角化性鳞屑

四、诊断要点

肉眼或检耳镜观察耳道内有大量耳垢，并且患犬经常出现摇头、搔抓或摩擦耳部，可疑似为本病。用放大镜或低倍显微镜检查渗出物，发现细小的白色或有活动性的耳痒螨成虫即可确诊。或者取外耳廓脱毛边缘刮取物镜检，看到耳痒螨成虫或虫卵可确诊，见图 4-35。

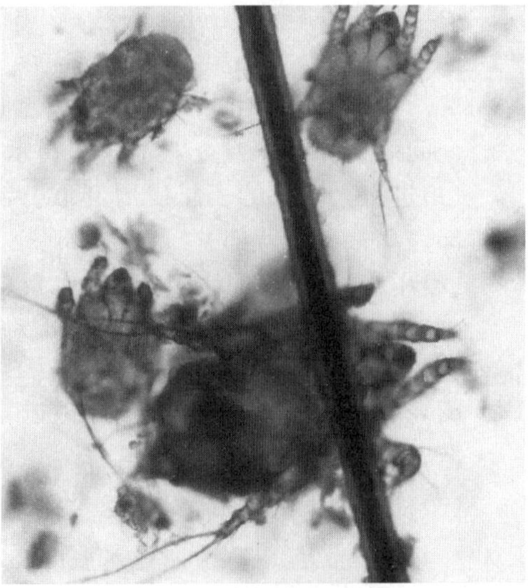

图 4-35 耳痒螨成虫

五、防治方法

1. 预防

①注意环境卫生，保持环境干燥。对犬、猫经常接触的床铺、垫料、用具和周围环境进行清洗和消毒。

②保持耳道清洁，定期用洗耳液进行清洗。

③杜绝健康的犬、猫与患病犬、猫直接接触。

2. 治疗

①清洁耳道。治疗犬猫耳痒螨时应先清洁外耳道，再用棉签或柔软的纸轻轻擦掉外耳道的耳垢。清洁耳道时尽量减少刺激，尤其是猫，否则易使病情加重甚至引发细菌感染。

②滴入药物。向洗净的耳内滴注杀耳螨的药物，滴注药物中最好配有抗生素。

③也可选用伊维菌素注射液进行治疗。

第七节　姬螯螨

姬螯螨病是由肉食螨科的一种寄生于皮肤表面的螨虫引起的，轻度非化脓性、可传染的皮炎，也被称为“移动的皮屑”。

一、种类及形态

姬螯螨主要有3个虫种：牙氏姬螯螨(犬)、布氏姬螯螨(猫)、寄食姬螯螨(兔子)。虽然以上3种分别在犬、猫和兔上发现，实际上并无严格的宿主特异性，而且3种都有可能传染给人。

二、生活史

姬螯螨虫寄生于表皮角蛋白层的假管道中，以组织液为食，它的生活史全部都在宿主身上完成。姬螯螨病呈高度接触性传播，尤其在年轻动物之间，既可以通过直接接触传播，也可通过污染物传播。姬螯螨属的各种寄生虫都是专一性寄生虫，但其雌性成虫离开宿主能存活10 d之久，这有可能是重复感染的一个原因。病理组织学检查显示有表层的血管周围性皮炎，偶尔有螨虫的碎片出现于角质层中，嗜酸性粒细胞数目不定。

三、诊断

询问病史和临床检查对本病有提示作用。可以用几种方式检查螨虫或其卵：

(1)进行大面积的表层皮屑刮取。刮取部位的选取：幼犬通常首发于臀部，后扩散至头和背部。猫常发于背部。

(2)用刷拭跳蚤的梳子梳取毛发及皮屑进行显微镜检。

(3)吸尘技术。用手握式吸尘器，对动物皮毛进行大面积吸尘，收集到的碎屑进行显微镜检查。

(4)粪便浮集、寻找虫卵或螨虫。

(5)用高倍的放大镜对皮屑进行检查，寻找口器残片，其终端具有明显的小钩。

(6)检查毛干的一端，看有无虫卵附着。

四、临床症状

犬猫姬螯螨病的症状表现差异很大，瘙痒的程度不一，任何品种的犬猫都有可能受到感染。姬螯螨虫造成轻度瘙痒，犬背部、臀部、头部和鼻上有黄灰色的鳞片，犬运动时掉下。幼年动物通常病情较为严重，最主要的症状是背正中线上鳞屑过多，被毛有轻微的油脂样外观。猫有天生梳理毛发的本性，会将皮屑、螨虫和虫卵舔掉，因而有可能在猫的粪便中发现虫体和虫卵。与不会自我梳理的犬相比，猫的早期症状很难被发现，而且发展缓慢。随着病情发展，皮屑会遍布全身，脱毛和瘙痒逐渐加重。有些动物可能对姬螯螨发生超敏反应，通常出现虫体量很低而瘙痒很严重的现象。对姬螯螨的超敏反应表现症状是表皮脱落性红斑，以及与疥螨病类似的病变分布和瘙痒程度。有些猫可能出现粟粒性皮炎，或者不伴有其他病变的背部自舔性脱毛。

成年的犬、兔和猫有可能成为无症状的携带者。姬螯螨可以感染人。

五、防治

很多外用杀虫药都对姬螯螨有效，例如石硫合剂等。运用害获灭、净灭和多数杀虫剂都有效。杀虫的药浴剂、粉剂、香波等也可用于治疗。

犬猫可使用伊维菌素 0.2～0.3 mg/kg，皮下注射，但伊维菌素不用于柯利犬。对所有有接触史的动物都需进行治疗。清洁环境，用杀虫剂处理动物生活的环境。

第四章彩图

HAPTER 5
第五章 传染性皮肤病

第一节 真菌性皮肤病

真菌性皮肤病是指真菌侵染动物浅层皮肤、毛发角化区和指甲的疾病，是一种人畜共患病。病原真菌的种类很多，主要是犬小孢子菌、须毛癣菌和石膏样小孢子菌。

皮肤真菌对外界因素的抵抗力极强，附着在干燥器具、环境中的真菌，可保持长久的感染力。真菌性皮肤病主要是通过动物相互接触，或污染物进行传播；在动物数量较多且较密集的情况下，也可通过空气传播；体外寄生虫，如虱、蚤、蝇、螨等也能促进传播。

一、马拉色菌皮肤病

(一)病因学

马拉色菌是一种嗜脂性酵母菌，常见于大多数犬猫的皮肤上，是人类及温血动物皮肤上的正常菌群之一，见图 5-1。通常这种菌不会导致犬猫出现皮肤问题，但在某些情况下，这些菌可以大量的生长繁殖至异常多的数量而产生皮肤或耳朵的疾病。

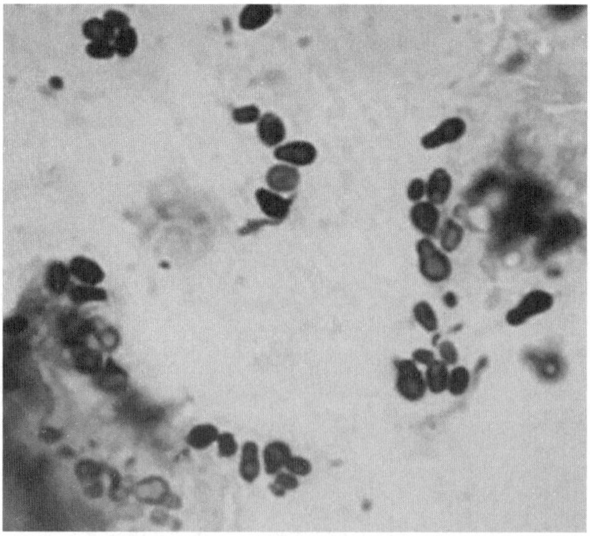

图 5-1 马拉色菌形态

犬猫马拉色菌性皮炎通常是马拉色菌过度增殖引起的，在临床上很常见，经常由其他潜在疾病引起，或与其他皮肤病并发。马拉色菌是具有厚壁的单细胞酵母菌，常存在于健康动物的外耳道、肛门腺、指间皮肤和皮肤黏膜结合处（嘴唇、包皮、阴道和肛门）。该菌可通过母体的生殖道，或舔、理毛传给幼仔，也能从野生食肉动物、食草动物和猴子身上发现，极少见于人。当犬的皮肤褶皱、悬垂的嘴唇、多毛的足部等部位的皮肤发生炎症、渗出、自舔等造成的温暖的微环境后，马拉色菌迅速繁殖生长，引起皮肤瘙痒和炎症。

马拉色菌是亲脂性非菌丝体性腐生单极芽生，生长于沙氏培养基。

（二）流行病学

在平衡状态下，厚皮马拉色菌是健康动物共生菌。马拉色菌生活在角质细胞表面。很多品种的犬都能患马拉色菌性皮肤病，但有一些品种的发病率高，如可卡犬、巴赛特犬、巴吉度犬、腊肠犬、贵宾犬、西高地犬、沙皮犬、西施犬、拉布拉多犬和德国牧羊犬等都是易感品种。也有报道去势公犬和绝育母犬发病率也逐渐增加。从腹股沟、尾根部和皮肤皱褶处分离出来的厚皮马拉色菌，其数量在遗传过敏症的犬中比健康犬明显偏高。

脱皮、表皮脂质的抗真菌作用和非特异性的防御机制（例如：血清 IgA）阻止过度增殖和感染。马拉色菌与共生性葡萄球菌有共生关系。马拉色菌皮炎患犬经常并发皮肤细菌过度增殖或脓皮病。

（三）发病机制

马拉色菌属条件病原体，而皮肤的免疫系统很薄弱，当动物的防御机制（物理、化学、免疫）受到损害，马拉色菌增殖和感染就会增加。在角质层受到破坏，瘙痒性损伤（过敏），生物化学因素、潮湿、免疫异常，角化缺陷导致皮肤表面脂质改变，内分泌病等情况下，感染程度会升高。

马拉色氏霉菌引起的皮炎是一种皮肤病，由与犬共生的厚皮马拉色菌引起。中性葡萄球菌与厚皮马拉色菌是共生关系。普遍认为先前存在的疾病如过敏、内分泌失调、体外寄生虫感染或角质化缺陷能诱导脓皮病，这些疾病诱导的脓皮病和马拉色菌性皮炎与皮肤的鳞屑有关。

马拉色菌感染犬和异位性皮炎患犬酵母菌特异性 IgG 水平升高，部分异位性皮炎患犬酵母菌特异性 IgE 水平升高。异位性皮炎患犬并发马拉色菌感染，相比于无马拉色菌感染的异位性皮炎，对马拉色菌抗原更易发生强烈的皮内阳性反应。

马拉色菌对免疫缺陷患者来说，可能是一种人畜共患微生物。

（四）临床症状

马拉色菌皮炎常常感染耳部、颈腹侧、腋下、腹股沟、腿和爪部及肛周，见图 5-2、图 5-3、图 5-4。最普遍的症状为脱毛，还可能发生下颚粉刺，感染部位红肿，以及脂溢性皮炎。

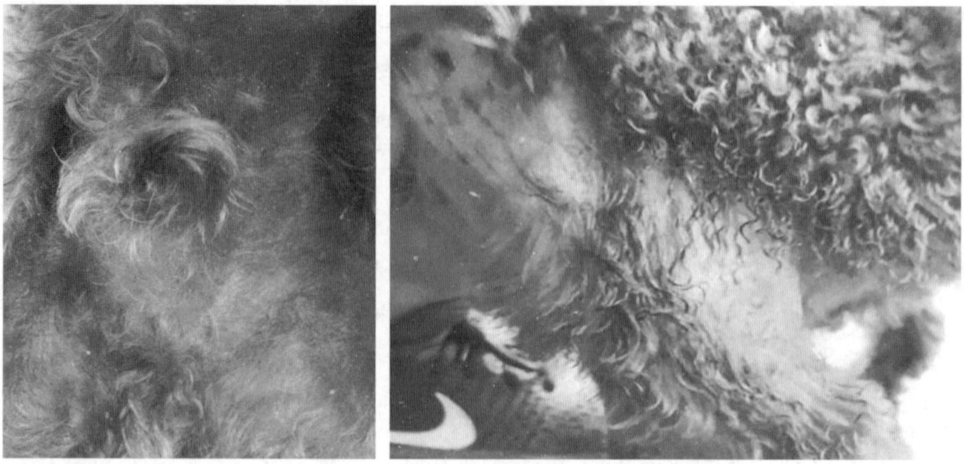

图 5-2　腹股沟腿部马拉色菌皮炎

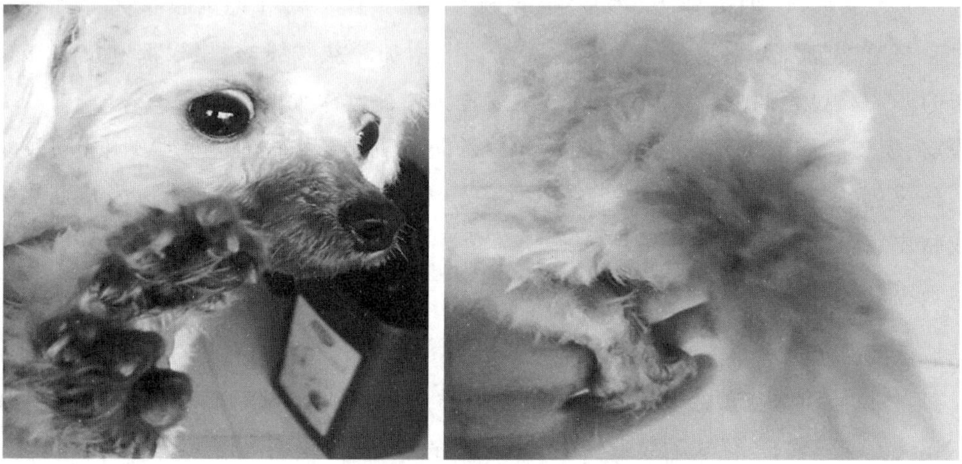

图 5-3　嘴角腿部尾部的马拉色菌感染

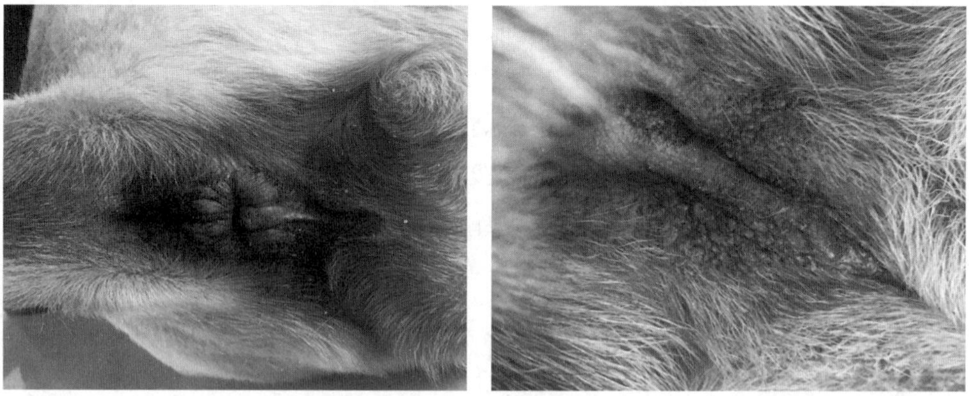

图 5-4　肛周马拉色菌感染

皮肤易发生红斑、油腻、黄色皮屑和结痂、片状脱毛、苔藓样硬斑和各种条样的色素沉着(图 5-5)。多发于面部、足、颈腹侧、腹部、趾间、甲床、皮肤皱褶处。也常发生分泌物为黄色或棕色的耵聍性耳炎(图 5-6),形成臭皮肤。

患马拉色菌皮炎的犬临床上常有特征性的恶臭味，经常有剧痒。应用常规剂量的糖皮质激素治疗，痒感不会减轻。马拉色菌感染犬没有年龄性别的限制，但不常发生于猫。

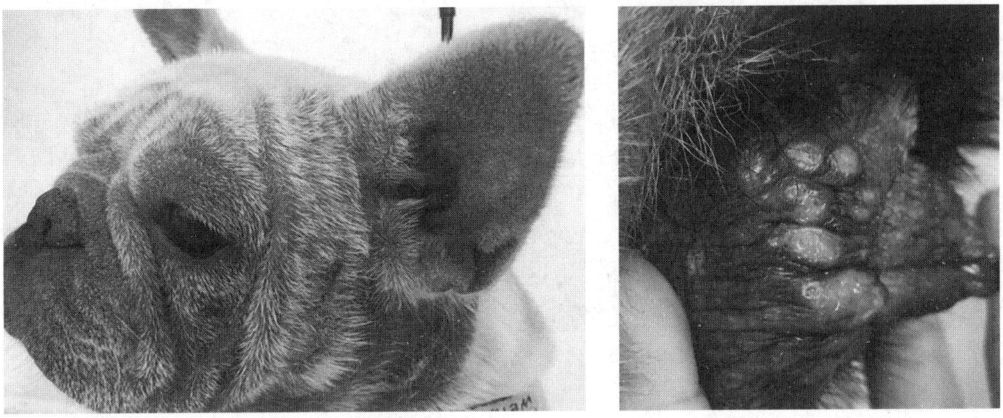

图 5-5　马拉色菌感染后面部、阴户周围色素沉着

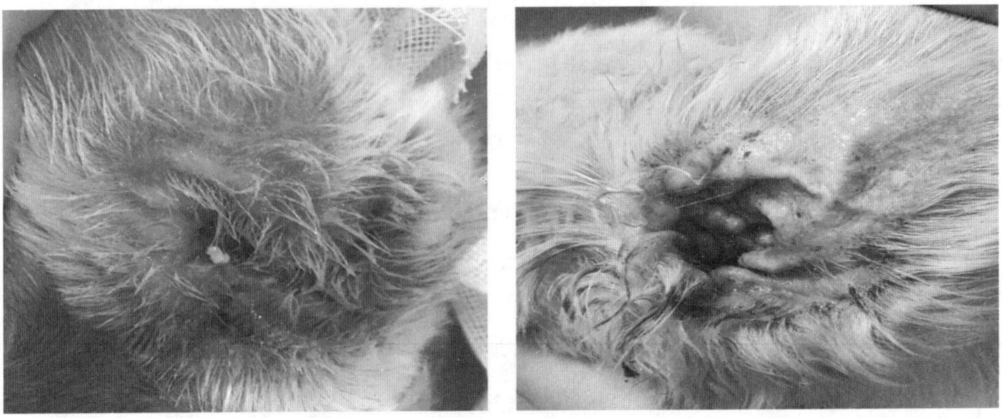

图 5-6　马拉色菌感染后耵聍腺耳炎

猫的马拉色菌性皮炎比犬少发，易感因素了解较少，猫免疫缺陷/猫白血病阳性的患猫发病较多，肿瘤和严重患病的猫可见全身性感染，可诱发耵聍腺耳炎、甲沟炎、下巴痤疮(图 5-7、图 5-8、图 5-9)和色素沉着(图 5-10)。德文科斯和斯芬克斯猫易感。

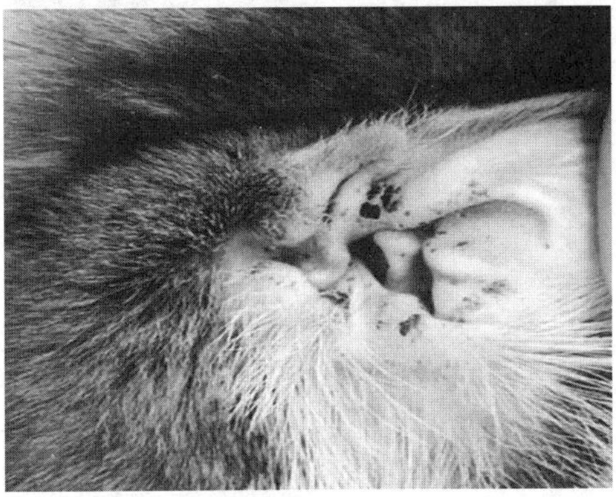

图 5-7　马拉色菌感染猫的耵聍腺耳炎

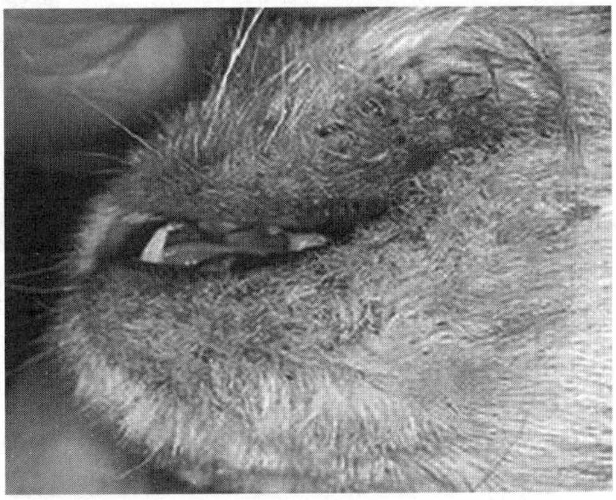

图 5-8　马拉色菌感染猫的下巴痤疮

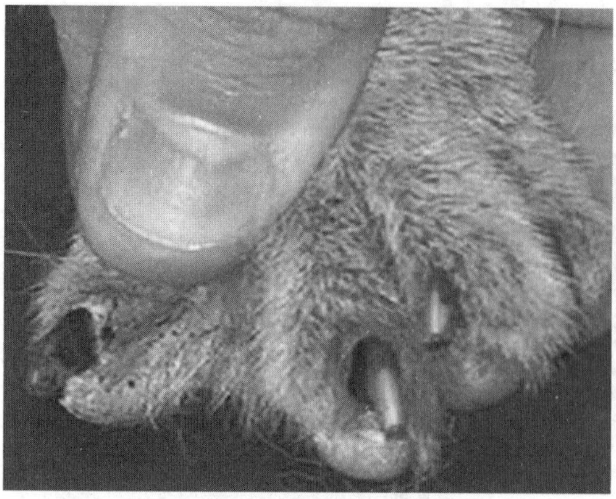

图 5-9　马拉色菌感染猫的甲沟炎

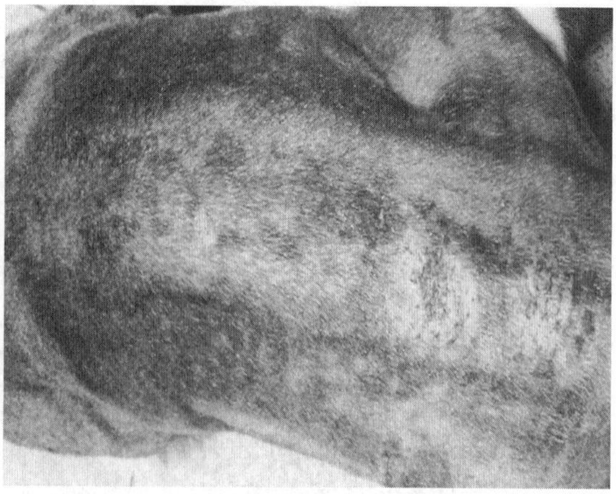

图 5-10　马拉色菌感染猫的色素沉着

(五)诊断

1.细胞学诊断

刮取感染动物受损部位组织,也可用透明胶带法采取样品,或用棉签取耳道分泌物,用姬姆萨染色后放于显微镜下检查,结果检出大量卵圆形、圆形、圆筒形的马拉色菌,部分形态类似"花生"状的酵母菌(图 5-11),即可确诊。

2.细菌培养

可通过实验室的细菌培养鉴别感染的菌种,但是由于马拉色菌可以存在于健康动物的身上,因此培养出的菌有可能不是这些症状的真正致病因素。

3.组织病理

临床中还可以采用病理切片进行鉴别诊断,见图 5-12。

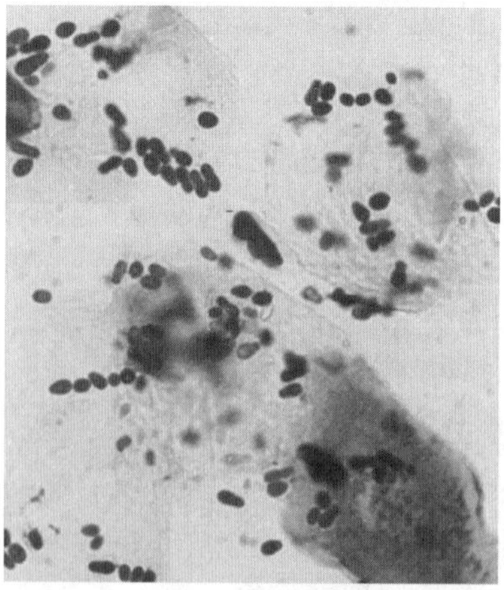

图 5-11　马拉色菌形态

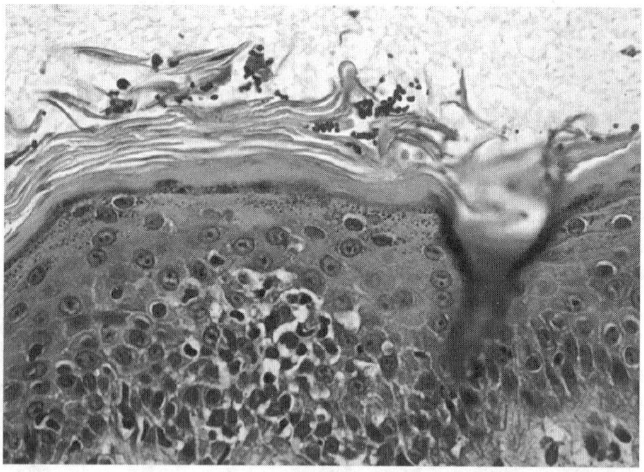

图 5-12　马拉色菌感染的病理切片(Lluis Ferrer)

4.治疗性诊断

任何瘙痒皮炎都要考虑马拉色菌感染,它可能与过敏性疾病、脓皮病和角化缺陷病症状类似,也可能与它们并存。采用治疗反应来进行诊断也是一种常用方法,临床上对抗真菌治疗和霉菌反应良好。

(六)治疗

1. 外部治疗

治疗马拉色菌感染,可以改善环境使其不适宜马拉色菌的生长繁殖。①用耳道专用清洗液除去动物皮肤上的脂质,香波治疗用于特发性病例的维持。②耳道治疗:每天清洗完成后自然甩干,再滴入耳肤灵等药物。

2. 口服药

对于感染较严重的已产生耐药性的猫,可口服给予特比萘芬、肤曲康等,一般在1～2周之内可见到疗效,但总体来说需要根据情况持续治疗1～3个月。以上2种抗真菌药非常有效,但是由于这2种药有潜在的毒副作用,只能在兽医的指导下才能使用。

二、癣菌病

皮肤癣菌病是指由癣菌感染犬猫被毛、爪、皮肤角质层等角质结构而引起的一种传染性皮肤病。幼龄犬猫、免疫力低下和长毛的犬猫发病率最高。该病是由真菌引起的一种慢性、接触性传染病,也是一种常见的人畜共患皮肤病。患病犬猫通常感染面积大,病程长,不易痊愈,容易复发。

(一)病原

最容易感染的皮肤癣菌包括犬小孢子菌、石膏样小孢子菌和须毛癣菌3种病原。皮肤癣菌在自然界能长期存在,在日光照射或0℃以下时可存活数月之久,附着皮屑中的致病菌甚至可保持感染力5年之久。患真菌性皮肤病的犬在康复后,对同种真菌病原菌具有一定抵抗力,一般在相当长的时间内不再感染。

犬皮肤癣菌病病原中有50%～70%是犬小孢子菌,20%～30%是石膏样小孢子菌,10%为须毛癣菌。

猫癣是由致病性真菌,如石膏样小孢子菌、须毛癣菌和小孢子菌引起的,但90%～98%是由小孢子菌感染造成的;而石膏样小孢子菌和须毛癣菌致病病例较少。

(二)发病机理

1. 皮肤抵抗力低、免疫机能下降

一般健康犬完整的皮肤、黏膜具有机械性屏障作用,而且皮脂和汗液中的脂肪酸也具有较强的抑制真菌功能。正常状态下,皮肤的防御屏障作用使病原菌无法正常生长,只是简单地黏附于皮肤或被毛之上,与其他真菌、细菌及寄生虫共存在于体表。但在发生机体抵抗力、免疫机能降低,某些原发性疾病,医源性感染并伴有不同类型疾病,使用免疫抑制剂,机体局部抵抗力差,或术后异物残留等情况时,机体抵抗力降低,导致癣菌侵入表皮造成感染。

2. 媒介传播

犬猫生活在被癣菌污染的环境中均有机会携带犬小孢子菌和石膏样小孢子菌。癣菌的传播主要是通过动物间的互相接触,或通过接触污染的刷子、梳子、剪刀、垫料等而传播,也可经患有皮肤病的人传播。在养犬数量较多且较密集的情况下,也可通过空气传播。体外寄生虫也是传播途径之一。

3. 促进癣菌感染的机制

节分生孢子附着于角质细胞,菌丝萌芽和形成渗入角质层;角质素酶的生成促进癣菌侵入;免疫系统不成熟或抑制,使细胞免疫缺乏;寄生虫联合感染。

4.抵抗癣菌感染的机制

通过美容促进毛发和角质层脱落可以抑制癣菌感染,同时增加机体的非特异性免疫。幼年动物易感染癣菌,主要在于非特异性防御力低或缺乏获得性免疫力。

(三)临床症状

1.瘙痒感强

经常可以听到动物搔痒的声音、看到搔痒的动作。因而也易造成细菌的继发感染。

2.患猫症状

不规则或者圆形脱毛,有的脱毛区域有大量的皮屑,脱毛区域可能单发,也可能全身散在;粟粒疹性皮炎;病灶单个或者多个的瘙痒性皮炎;甲癣、甲沟炎或者指甲逐渐感染形成棕褐色,并有舔舐;波斯猫和喜马拉雅猫多见肉芽肿性皮炎,表现为一个或者多个边界清晰的溃疡、皮肤瘤或者结节。如图5-13至图5-15所示,癣菌浸染部位的临床症状和伍德氏灯照射时的对比图,可见猫癣能引发严重的皮肤色素沉着、粟粒状皮炎、皮屑等症状。

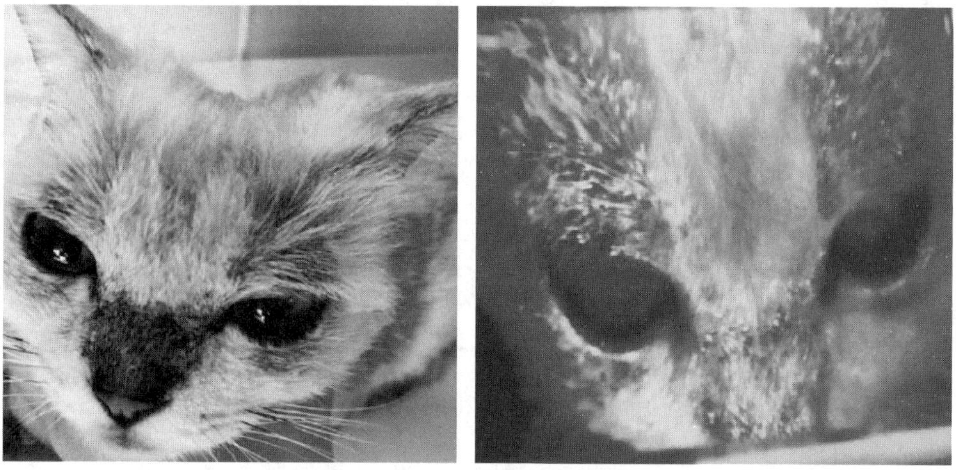

图5-13 脸部猫癣与伍氏灯照射对比

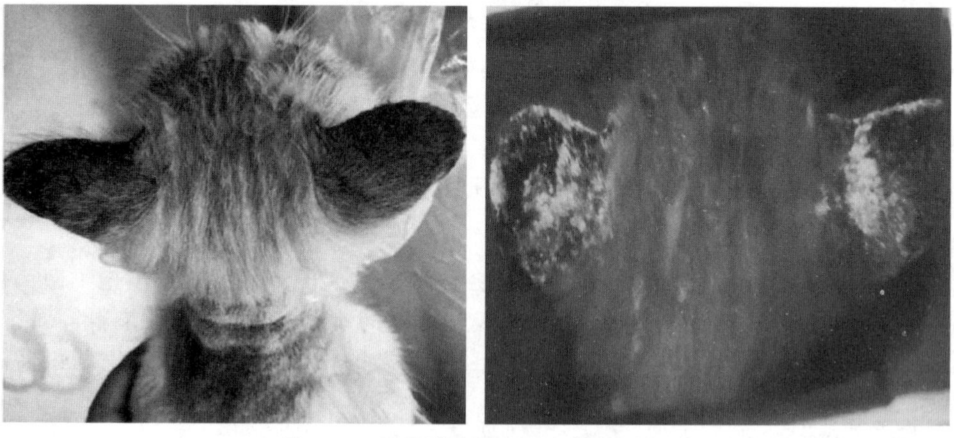

图5-14 耳部猫癣与伍氏灯照射对比

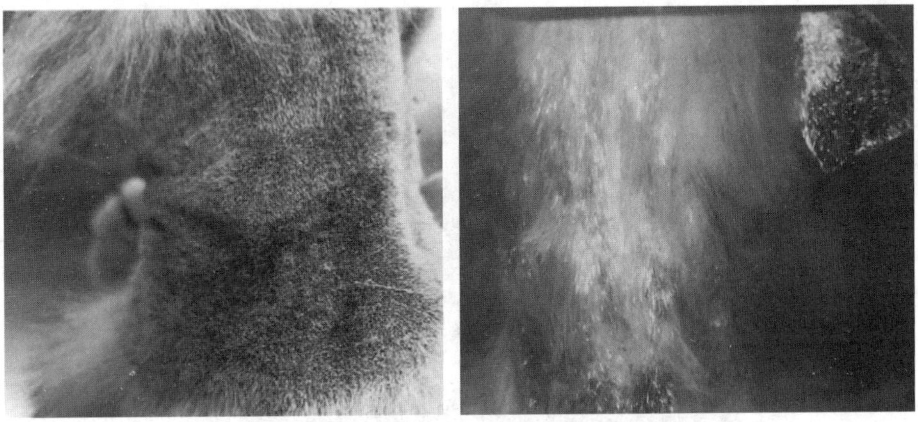

图 5-15　颈部猫癣与伍氏灯照射对比

3. 患犬症状

典型症状为脱毛区域周围散在多个水泡，有皮屑或者结痂等炎性病变，见图 5-16、图 5-17；如果混合感染须毛癣菌会表现在面部有毛囊炎和疖病；一个或四肢的局限性脱毛区，有毛囊炎和疖病；皮脂溢，被毛或者皮肤有大量皮屑，后者油腻感；石膏样小孢子菌感染会出现局限于面部和四肢的脓疱，脓疱周围有渗出，伴有角化过度、结痂或者溃疡；甲癣（图 5-18）。

癣菌的种类，毒力因子，感染动物的种类和宿主免疫反应决定临床症状和感染病程。

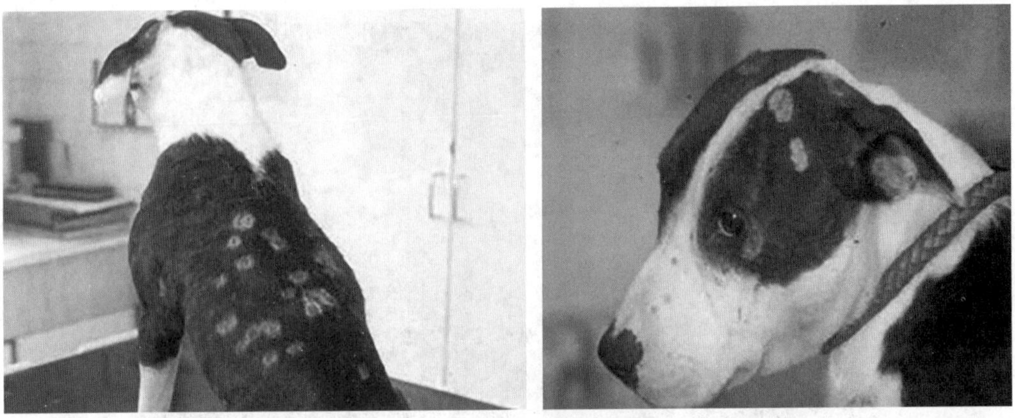

图 5-16　雪茄灰样的结痂（董军）

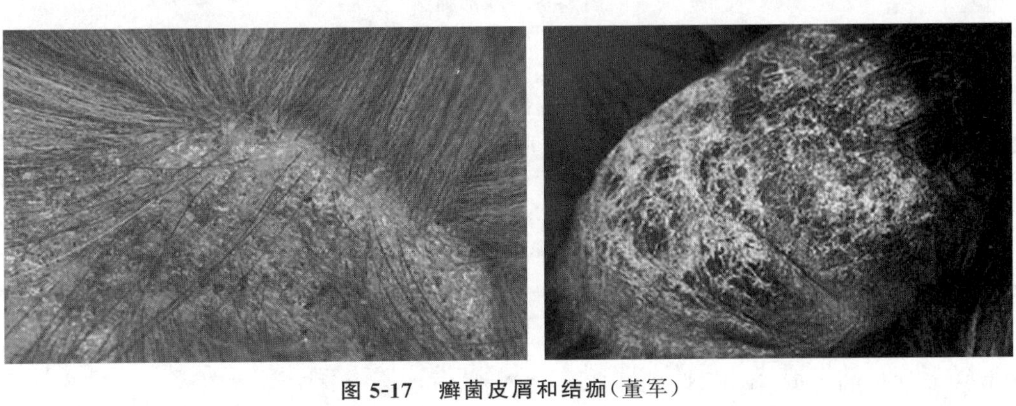

图 5-17　癣菌皮屑和结痂（董军）

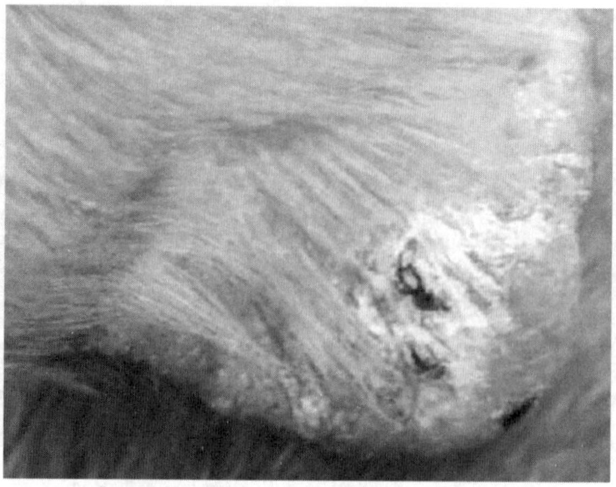

图 5-18　甲癣(董军)

(四)诊断方法

1.伍德氏灯照射检查

暗室里用伍德氏灯照射检查。开灯预热 5 min,照射病毛、皮屑或动物皮损区,凡出现苹果绿荧光或黄绿色荧光的为犬小孢子菌感染(图 5-19),50%的犬小孢子菌株毛发显色。石膏样小孢子菌感染则少见到荧光,须发毛癣菌感染则无荧光。此方法是早期检测方法之一,操作简便快速,但此方法不够准确,无法判定是否有其他真菌或螨虫、细菌等混合感染。

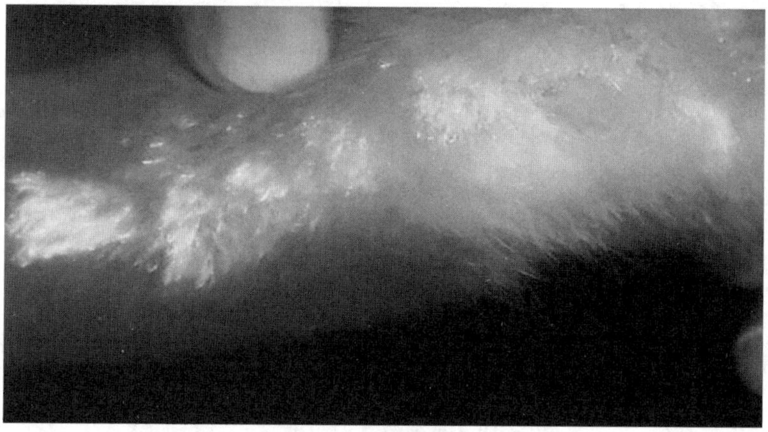

图 5-19　腿部猫癣

2.显微镜检查

用钝刀片刮取新鲜病变部位皮屑,固定染色后,显微镜下寻找真菌孢子(图 5-20);拔取病变周围的被毛,显微镜下寻找真菌感染造成的朽木样毛干。

3.皮肤组织病理学检查

能够见到不同程度的毛囊周围炎、毛囊炎、疖病、浅表性血管周围炎或者间质性皮炎。特殊染色后才能看到菌丝或者孢子。

4.真菌培养

取病变部位的皮屑、被毛,用真菌培养基培养,可以鉴定真菌种类。

5. 临床治疗

对于临床治疗，通过症状、病史、显微镜检查，即可确诊是否为真菌感染，从而指导正确用药，一般不一定需要确诊是哪一种病原。

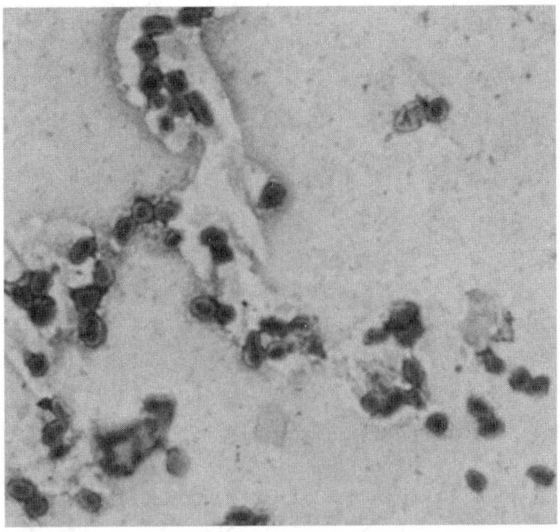

图 5-20　猫癣

(五)预防

控制犬的真菌皮肤病重在预防。

1. 改善饲养环境

①保持饲养场地光照充足，通风良好，清洁干燥；②饲喂清洁的食物，定期补充矿物质、B族维生素和维生素C；③每天保证足够的运动量；④少到公共场所，切断人、犬之间互相传播途径。

2. 做好犬的皮肤清洁

①定期消毒；②定期洗澡；③定期驱虫；④发现患有癣菌的动物及时隔离；⑤及时无害化处理患犬接触过的用品及污染物。

(六)治疗

1. 局部治疗

如果为局部病变或者是幼猫幼犬，治疗方法为：病变周围剪毛，使用抗真菌药，直到病变消失，有效药物如特比萘芬等。一般的真菌药都具有肝肾毒性，幼龄犬猫内脏系统没有发育完全，解毒功能还不完善，所以尽量避免使用内服或者针剂的抗真菌药。如果局部用药疗效不佳，则需要选用肝肾毒性小的药物，尽量通过口服，同时使用保护肝肾的药物。配合使用提高免疫力的药物会缩短用药时间，提高治愈率。

2. 全身治疗

成年犬猫多灶性或者全身感染的治疗方法为：口服抗真菌药，同时配合局部用药和药浴。口服药有伊曲康唑、特比萘芬等，癣菌药浴有专用的功能香波。对局部治疗疗效不佳的犬，应在局部治疗的基础上，应用抗真菌药物全身治疗4～6周，定期复查，待真菌培养阴性后再坚持治疗3～4周。伊曲康唑口服10 mg/kg，每24 h一次，连续用药3周，该药物是最有效的抗真菌药物，且副作用小，但可增加肝脏酶的浓度，需从肾脏排出体外，因此肾功能不良动物禁用。

3. 环境控制

①全面清除所有被感染的毛发、鳞屑，并扔掉所有收集物；②彻底消毒清洁用具；③对于未发病的带菌动物，通过毛刷法在培养基上直接按压后，进行真菌培养，确定是否带菌，然后进行下述措施：a. 隔离患病动物，直到痊愈；b. 彻底的环境消毒；c. 对所有的动物进行外用药治疗；d. 对被感染的动物进行全身治疗；e. 清除感染动物的鳞屑；f. 用毛刷培养法监控动物。

癣菌总体来说预后良好，正确诊断、合理用药，一般都可以痊愈。除非多只患病动物长期生活在一起。患有免疫抑制病的动物较难治愈且预后不良。皮肤癣菌病可以感染人。

皮肤外用喷剂常含有激素、佐剂等成分,使皮肤发红、瘙痒等症状看似得到控制,但实则很难彻底杀灭真菌。

口服抗真菌药物疗法,能够起到很好的治疗效果,部分药物存在一定副作用,使用时请谨遵医嘱。

三、脓癣

脓癣为皮肤癣菌沿毛囊口经毛干,深达毛囊及其周围的炎症,多由亲动物的犬小孢子菌或须毛癣菌感染,引起皮肤强烈的变态反应所致。在损害早期,糖皮质激素外用制剂的不当使用,是诱发脓癣和导致发病增多的重要因素。

(一)临床特征

脓癣的病变特征为边界清晰、红色和脱毛结节;直径 1～5 cm;挤压可见瘘管渗出;可能出现糜烂或溃疡;多数单生,见图 5-21。

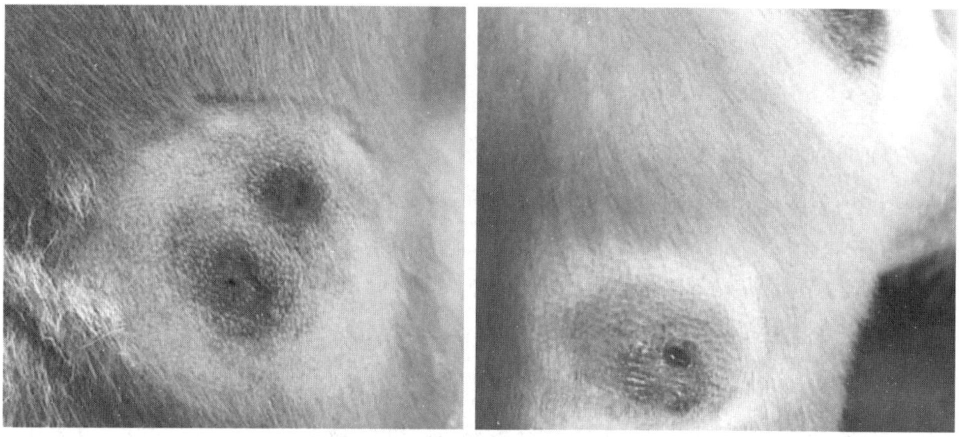

图 5-21　脓癣瘘道渗出

急性发作的脓癣为红色、脱毛、有渗出的圆顶形结节性斑块,斑块的定义是直径>1 cm 的炎性凸起。脓癣的典型表现形式是直径 1～5 cm 的斑块,也可以认为斑块的代表性皮肤病就是脓癣。放大镜观察可见折断的短毛稀疏分布于黏腻表面,表面还有瘘管。轻轻挤压可见浆液从瘘管溢出,呈珠状。斑块表面可能出现糜烂或溃疡。外周常有皮屑,如果犬无法清理病变,渗出物会结痂。通常多数脓癣为单生,偶尔出现多病灶。多数脓癣发生在面部或前肢,但是也能在任何部位出现。局部淋巴结常见增大,少见瘙痒或疼痛,但面积较大的病变可能瘙痒和疼痛。没有发现品种、年龄或性别的易感性差异。拳师犬可能高发单生病例,金毛犬可能易发泛发性或多灶性病变。相似的症状人也可能出现,通常认为是动物癣菌或环境真菌传染的结果,人脓癣病变更加鲜红(由于适应性低)。

脓癣在猫很罕见。尽管犬脓癣在临床经常发生,但是得到报道的较少。

(二)诊断

根据脓癣的流行病学特点及临床损害特征，即可做出初步诊断，必要时可结合真菌学及伍氏灯检查可确诊。

鉴别诊断包括异物性肉芽肿、肢端自舔性皮炎、组织细胞瘤、肥大细胞瘤和淋巴瘤。

细胞学特点：脓性肉芽肿性炎性反应，癣菌元素少量或未见(图 5-22)。

(三)治疗

脓癣的治疗与其他类型的癣基本相同。

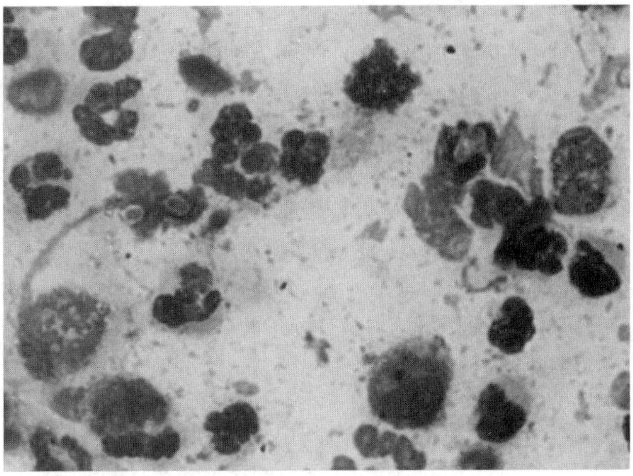

图 5-22　含癣菌的脓性肉芽肿性炎性反应

四、隐球菌病

隐球菌病是由新型隐球菌感染引起的一种亚急性和慢性的全身性真菌病。主要侵害肺、中枢神经系统和皮肤。本病是人畜共患病，最常见于犬和猫。世界各地均有发生。

(一)病因

隐球菌是一种腐生物寄生菌，广泛地存在于自然界的土壤、动物和人的皮肤、黏膜表面，但很少引起人和动物发病，只有在机体抵抗力明显下降时才会发病。病原菌主要经呼吸道感染，也可经皮肤、黏膜的伤口感染。

犬的隐球菌病一年四季均有发生，其中春秋季节多见，经常在室外牵遛的 2 岁以内犬更多发，纯种犬发病率较高。病犬体表多呈圆形脱毛，皮肤呈现丘疹，剥去结痂后呈现蜂窝状；严重者还表现跛行、后躯麻痹，有的发生眼炎。

(二)临床症状

隐球菌可通过呼吸道和皮肤感染。因病原菌主要侵害的器官不同，其临床表现差异较大。受害器官常见于肺、中枢神经系统和面部，尤其是口腔和鼻黏膜。病犬经呼吸道吸入空气中的孢子，可引起肺炎或副鼻窦炎等。肺部病灶由局限性小脓肿发展为多发性肉芽肿或弥漫性肺炎。病犬首先表现为咳嗽和喷嚏，鼻和眼分泌物增多，甚至出现高热和呼吸困难。全身感染时，由于该菌的嗜神经性而导致中枢神经障碍，表现为共济失调、行为改变、转圈、痉挛、跛行、运动神经机能障碍和失明等症状。皮肤感染时，可出现丘疹、脓疱、结节、溃疡、坏死和软组织水肿。

(三)诊断

在患病部边缘采集被毛和皮屑，放于载玻片上，滴加 2 滴 100 g/L 的氢氧化钠溶液，在火焰上微微加热，待皮屑软化后加盖玻片，用高倍显微镜检查。

或取皮肤损伤处的脓汁涂片，用美蓝染色镜检，可见圆形、单个出芽、壁厚、直径 15～18 μm 的球菌，见图 5-23。将病料接种于沙氏葡萄糖琼脂培养基上，在室温或 37℃恒温箱培养，形成粉状淡红色菌落，并有厚膜孢子。

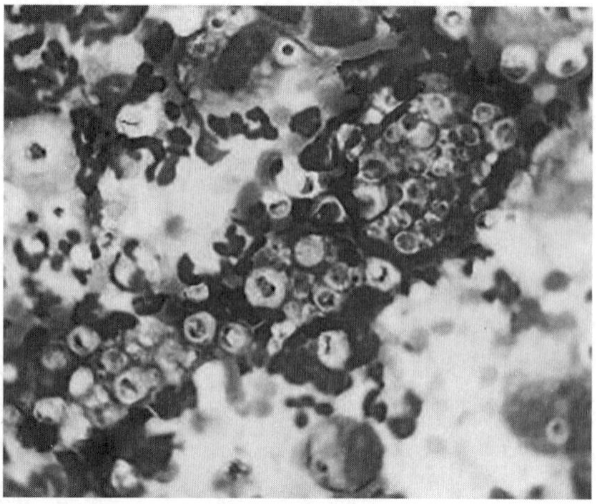

图 5-23　隐球菌形态

（四）预防

饲养用的所有用具要经常洗晒；饲料要新鲜；饲养环境及其周围经常用次氯酸消毒。

（五）治疗

联合使用两性霉素 B 和 5-氟胞嘧啶进行治疗。其中两性霉素 B（本药对肾脏损害较重，现已不单独使用）按每千克体重 10～20 mg 静脉注射或局部注射；5-氟胞嘧啶每天每千克体重 50～150 mg，分 3～4 次内服，视病情可持续用药数天至数月。克霉唑每天每千克体重 60～90 mg，分 3 次内服。此外，可用外科手术切除皮肤上的局部病变组织。

第二节　细菌性皮肤病

细菌性皮肤病是指由细菌感染及细菌毒素侵袭导致的皮肤病变，临床表现为发病部位的红、肿、热、痛、脓。细菌性皮肤病在临床上发病率高，病理过程长，易复发，细菌的耐药性问题也越来越突出。

脓皮病是犬最常见的细菌性皮肤病之一。有些是处于基底膜没有被破坏的浅部，有些处于基底膜已经受到破坏的深部。

一般可将脓皮病分为 3 类：浅表脓皮病、深层脓皮病、假性脓皮病。浅表脓皮病又可以分为皮肤褶脓皮病（擦烂）、脓疱病和毛囊炎；深层脓皮病分为疖病、蜂窝织炎、指（趾）间脓皮病；假性脓皮病分为脓性创伤性皮炎、幼龄动物脓皮病。

一、发病机理

1. 健康犬和患脓皮病犬的皮肤菌群

动物的皮肤表面存在着大量的细菌，而这些细菌能够很好地适应角质层和毛囊的微环境。这些正常菌群便促成了机体的皮肤免疫。

中间型葡萄球菌是犬脓皮病最常见的病原菌，其他病原菌还包括金黄色葡萄球菌和猪葡萄球菌。很多健康犬皮肤上有少量的这些细菌，但是它们是暂住性菌而不是常在菌。这些革兰氏阳性葡萄球菌一般存在于肛门、鼻腔、生殖道、口腔等黏膜处，是这些部位的常在菌。动物通过舔触自己，将细菌带到皮肤和被毛上。研究表明，分离自健康犬和感染脓皮病犬的中间型葡萄球菌的致病性相同。

角质层由角质化细胞组成，十分致密，是阻止微生物及其产物进入机体的第一道物理屏障。因为犬的角质层比其他动物的角质层薄而致密，且犬的毛囊管是开放的，缺乏皮脂栓子，所以犬的皮肤更容易受到感染。

2.脓皮病发病原因

致病性葡萄球菌很容易在发炎的、表皮脱落的脂溢性皮肤上生长。发炎皮肤能够促进表皮的增殖和脱落，其表面形成温暖湿润的微环境，从而促进细菌的增殖。此外，搔痒导致的自我损伤、表皮脱落降低了表皮的防御功能，皮肤渗漏出的血清给细菌的生长提供丰富的营养。另外过敏性皮肤病，即犬表皮的Ⅰ型变态反应，能够促进细菌抗原进入皮肤，是犬脓皮病最常见的病因之一。

浅表脓皮病，又名浅表性毛囊炎，是由于细菌感染毛囊的表层造成的，导致此病的原因有内分泌失调、过敏与体外寄生虫。细菌性皮肤主要病原菌为葡萄球菌、微球菌和棒状杆菌等，其中葡萄球菌主要是产色葡萄球菌和中间葡萄球菌，金黄色葡萄球菌有时也会感染。皮肤微环境的改变会使葡萄球菌增殖，细菌产物的炎症会进一步导致细菌的增长。浅表脓皮症是犬常见的皮肤病。

深层脓皮病，是由化脓菌侵入毛囊和皮肤而引起的毛囊炎和脓疱。常由螨病、真菌性皮炎以及湿疹等病因引发。该病多发于胸腹部及四肢部，皮肤下肿胀、化脓、破溃，流出大量黄白色分泌物，严重的累及全身，如治疗不及时可导致病犬因败血症死亡。

二、临床症状

浅表性脓皮病临床病变多为局灶性，也可见广泛性，可见脓包、皮屑、红斑、丘疹、斑丘疹或结痂斑、黄色结痂、圆形脱毛，病灶中心可能有色素过度沉着。这些都是犬浅表脓皮病的典型症状，见图5-24。

浅表性脓皮病既不是一个有特殊分布的皮肤病，也不是一个有典型临床症状的皮肤病。由于感染葡萄球菌对于皮肤内或者皮肤外而言是典型的二次继发感染，所以还需要找出受感染的原因。对于皮肤表面的撕裂，跳蚤等创伤感染最开始只是一个局部性的感染。

毛囊炎都是一个小的丘疹感染或者是突出于毛干中心的脓疱感染。这些损伤早期容易和风疹相混淆。随着时间的推移，多处受感染毛囊的毛发掉落，小面积内出现秃毛。暴露在外的皮肤常常容易发炎，但是对于犬而言，秃毛区域常有色素沉着于皮肤上，这些秃毛的区域看起来没有出现明显的发炎症状，而这些特征往往减少暗示是细菌性毛囊炎。随着慢性期越来越长，秃毛的区域看起来类似于虫蛀样外观（图5-25）。邻近的损伤逐渐蔓延后，可能形成一个大的区域性的皮肤炎症病变，可能会被认为是皮癣菌或者其他疾病。

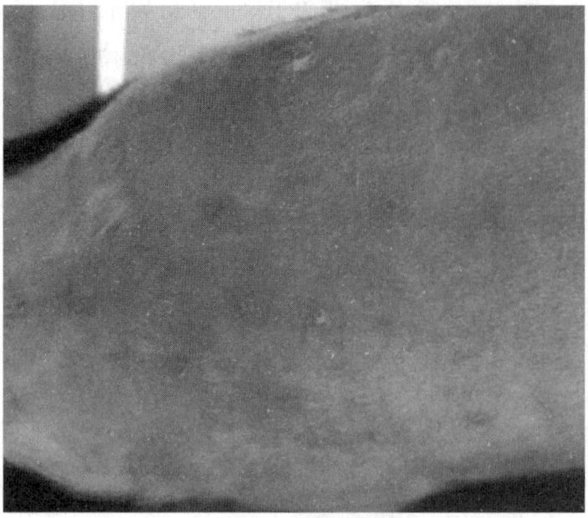

图 5-24　腹部浅表性脓皮症
（脓疱、皮屑、丘疹、结痂等）

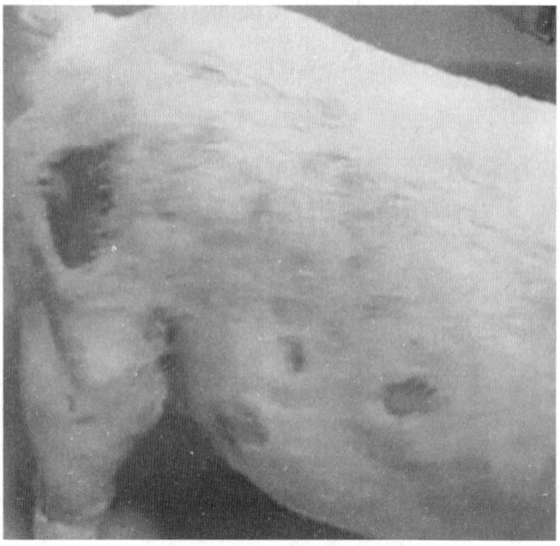

图 5-25　虫蛀样外观

典型的脓疱可能难找到，较常见的损伤是不同大小的毛囊丘疹，有可能是陈旧性的（图 5-26）或是非陈旧性的，表皮项圈状，色素沉着，表皮脱落，和秃毛。秃毛症的环形区域有红疹、鳞屑、痂皮和色素沉着，但是很多囊性和高度炎性过程最开始出现仅是一个指示点，如脓疱症和落叶型天疱疮可能出现类似的圆形损伤。被感染的区域毛发稀少、角化过度、低炎性。大麦町患犬在毛囊炎周围的毛发可能变成古铜色。

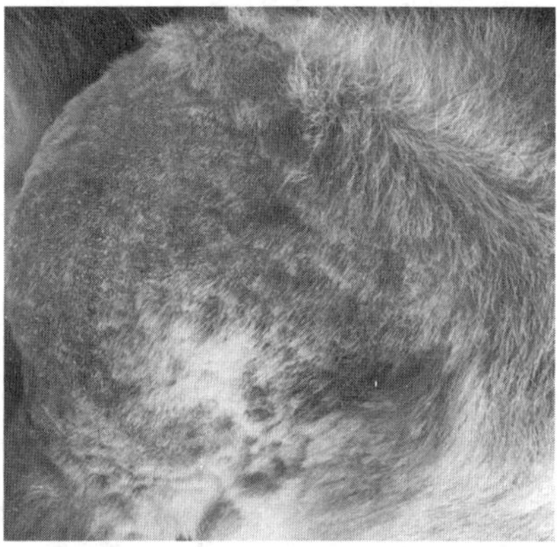

图 5-26　深层脓皮病的陈旧丘疹

有些动物有环形的秃毛区域，在头和颈处有皮屑和结痂，这类常常是由皮癣菌或者蠕形螨造成的（图 5-27）。指（趾）间脓皮病也是一种常见的深层脓皮病，见图 5-28。

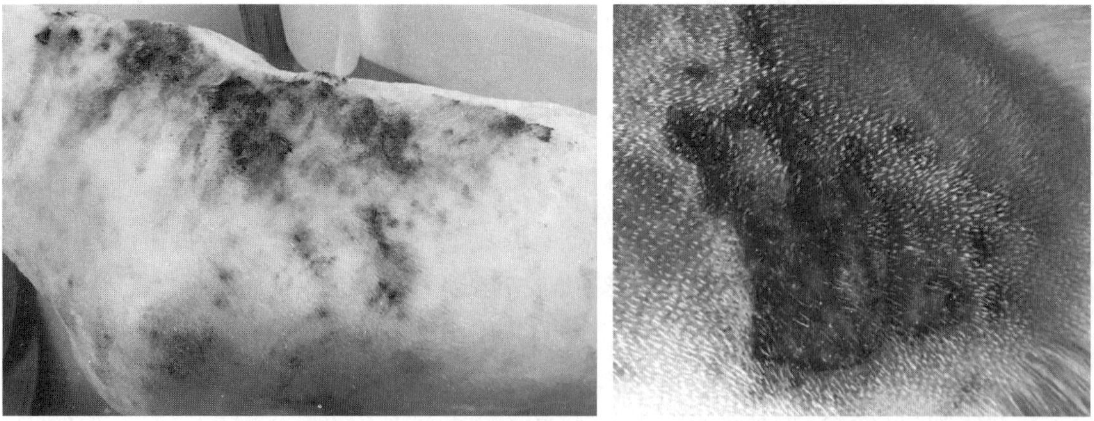

图 5-27　蠕形螨引起的深层脓皮病颈背部结痂

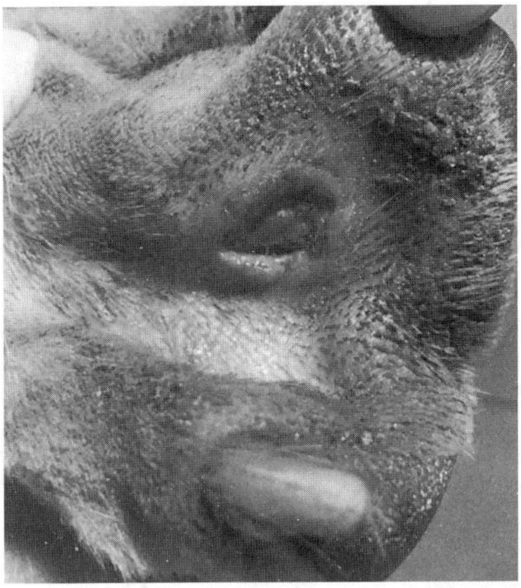
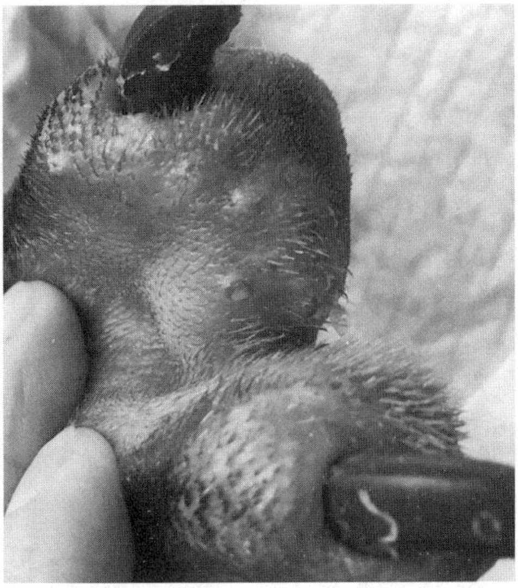

图 5-28　趾间深层脓皮病

三、诊断

犬脓皮病的诊断基于对动物病史的调查、身体检查和辅助检查。

1.细胞学检查

对于皮肤脓皮病，能够清楚地观察到菌群的影像，即健康的中性粒细胞、细胞外的球菌和杆菌，及处于吞噬状态的变性中性粒细胞（图 5-29、图 5-30），因此，机体保持着中度的抵抗反应。

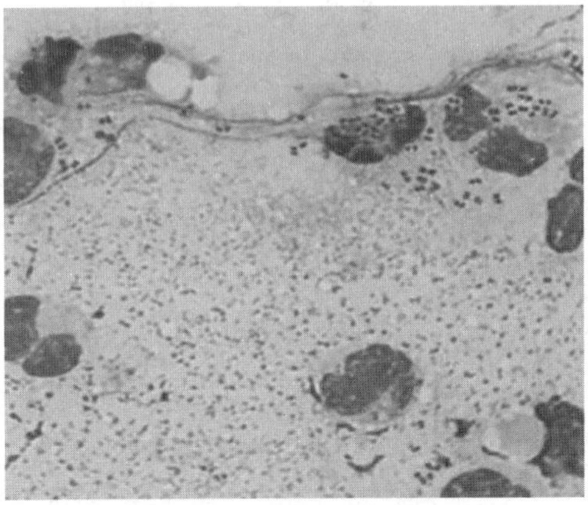

图 5-29　中性粒细胞和球菌

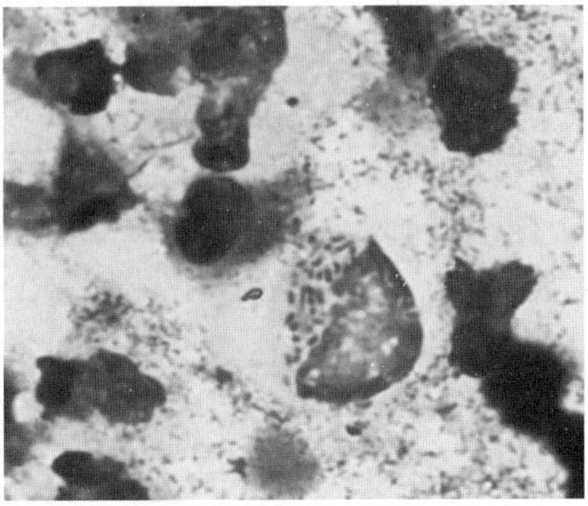

图 5-30　中性粒细胞和杆菌

在脓疱性皮炎和毛囊炎中，发现退化的中性粒细胞，这些细胞发生了变色、膨胀并且核表现为过多的分叶和萎缩。球菌被吞噬的影像数量不多，但是经常能够看到。细胞外球菌的数量相对来说比较常见。这是细菌侵染的影像，即致病菌已经侵入到表皮组织中。当皮肤内部表皮、毛囊、真皮发现吞噬影像时，说明这些被吞噬的细菌是具有致病性的，是真正的脓皮病或细菌性脓疱病。嗜酸性粒细胞有时也在脓疱病和毛囊炎中出现。

深层脓皮病的细胞学检查很少能够展现出细菌和吞噬图，经常能够发现嗜酸性粒细胞和红细胞，时常能够发现肉芽肿性反应，见图5-31。在脓性创伤性皮炎时观察到的影像同皮肤褶脓皮病相似，该病菌群不显著并且使用抗生素不能够使症状减轻。幼龄动物脓皮病时，变性的中性粒细胞数量很多，很多伴有肉芽肿性反应，但见不到细菌。

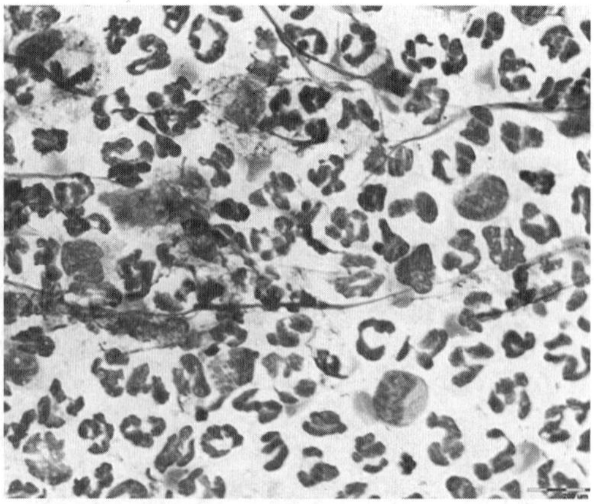

图5-31　肉芽肿性反应

2. 组织病理学检查

组织病理学检查时能够显示出特有的损伤，但是这在诊断犬脓皮病时很少用到，除非在进行难度较大的鉴别诊断和诊断沙皮犬身上很难被发现的小脓包时使用。结节性的和弥散性的真皮内化脓性肉芽肿可以分别在疖病和蜂窝织炎中见到。

四、治疗

在治疗犬脓皮病时，要同时应用全身性疗法和局部疗法。在治疗浅表脓皮病和深层脓皮病时，全身性抗生素疗法是必须的，局限性幼龄动物脓皮病或非广泛性毛囊炎时除外，因为这时使用局部疗法更有效。

1. 抗生素的选择原则

①适宜的药代动力学和较好的透皮性；②能够有效对抗葡萄球菌；③严重的病例选择杀菌活性强而不是抑菌活性强的抗生素；④投药方便；⑤没有继发效应；⑥价格合理。

抗生素的选择可以根据经验，尤其是浅表性脓皮病。但是对于深部脓皮病和复发性脓皮病来说，当细胞学检查显示的细菌种类较多或经验性抗生素疗法失败以后，必须要进行细菌学检查和药敏试验。

可以选择的抗生素包括：青霉素类、头孢菌素类、大环内酯类、磺胺类、氟喹诺酮类等。

2. 剂量和治疗的时间

在治疗时，理想的剂量和足够长的用药时间都是十分必要的，从几周到几个月，主要是根据发病部位的深度和广度决定的。对于慢性复发性脓皮病的病例可以使用持续治疗。

3. 联合治疗

在治疗犬脓皮病方面局部疗法效果较好，尤其是在治疗浅表葡萄球菌病时。在治疗深部脓皮病时需要结合全身性治疗。局部用药主要使用洗必泰（洗液和/或香波）、聚维酮碘（洗液和/或香波）、过氧化苯甲酰（香波和凝胶）、乳酸乙酯（香波）。这些药物在治疗初期应当勤用，1次/d，往后使用的频率可以稍微降低。

皮肤病的治疗必须是强制性的，并且诊断必须要正确。在治疗自发性浅表脓皮病时葡萄球菌的免疫疗法有效。真正的犬脓皮病禁止使用局部或全身性糖皮质激素，即使动物十分瘙痒时也不能应用，如果使用可能导致严重的复发。相反，此药可以用于假性脓皮病并且有效。

浅表性毛囊炎对于一个免疫系统正常的动物而言，愈合是比较快的。正常用药 21～28 d。在反复感染的病例中，对于不同寻常的损伤愈合的速度比较慢，需要更长的周期治疗。

第三节 病毒性皮肤病

病毒性皮肤病是由病毒感染引起的皮肤黏膜病变。由于病毒的性质和种类不同，引起犬猫皮肤疾病的临床表现亦不相同。这里主要介绍犬猫常见的猫杯状病毒、犬瘟热病毒和犬乳头瘤病毒。

一、猫杯状病毒

（一）病因

猫杯状病毒是杯状病毒科中少数能引起细胞病变的病毒，是诺如病毒的重要替代模型。猫杯状病毒感染是猫病毒性呼吸道传染病，是猫的一种重要病原，在猫群中感染率很高，常单独感染或与其他病原混合感染，呈世界性分布。猫杯状病毒可感染各年龄段的猫，幼猫更易感，发病率高，死亡率低。感染后猫常处于带毒状态，很多猫无任何症状，仍持续排毒多年，成为重要传染源，唾液和眼鼻分泌物是猫杯状病毒的主要载体。猫杯状病毒不仅感染猫，也可以感染所有猫科动物，如虎、狮、豹等，对这些野生动物的健康也造成了一定威胁。

（二）临床症状

猫杯状病毒主要表现为上呼吸道症状和口腔溃疡，即精神沉郁、浆液性和黏液性鼻漏、结膜炎、口腔炎、气管炎、支气管炎，伴有双相热，见图 5-32、图 5-33。也能引起猫的跛行、流产、慢性胃肠炎等其他疾病，严重威胁猫的健康。

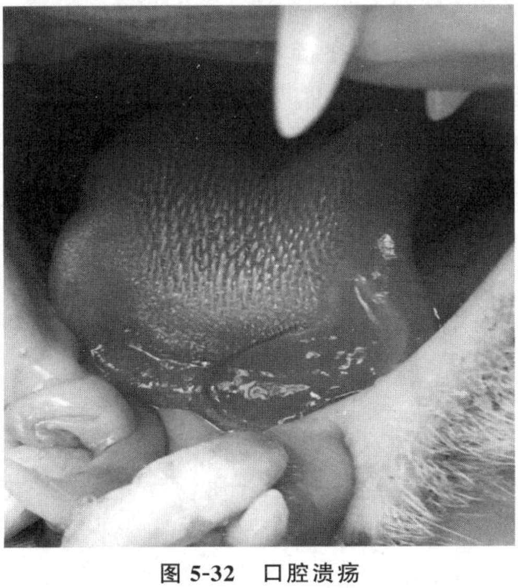

图 5-32 口腔溃疡

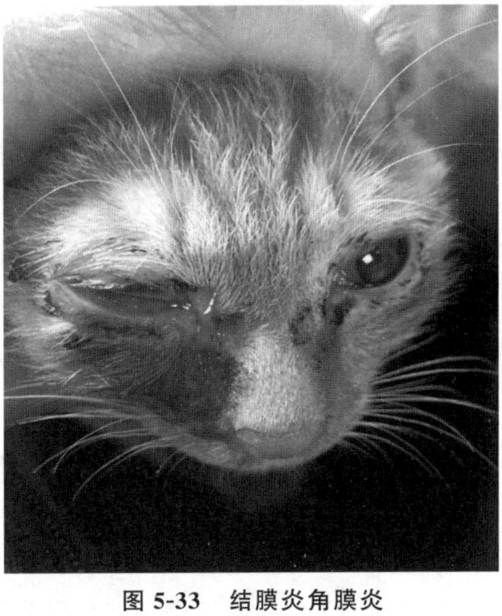

图 5-33 结膜炎角膜炎

(三)诊断

猫杯状病毒与猫疱疹病毒、猫细小病毒等感染引起的症状非常相似,也可引起很多复杂的非典型症状,单从临床症状难以确诊疾病。此外,虽然目前认为该病毒只有 1 种血清型,但极易发生抗原变异,这为临床上检测造成了极大困难。目前对猫杯状病毒感染的诊断主要依靠实验室方法,如病毒分离、核酸检测和血清学检测等。

(四)预防

猫杯状病毒主要依靠疫苗免疫预防。现有疫苗不能对所有毒株产生免疫保护。目前市场上使用最多的疫苗是加免疫佐剂的灭活或弱毒苗,需定期皮下或肌肉注射。也有多种其他类型的疫苗在某些国家上市使用,如美国的鼻内免疫活疫苗和欧洲的无佐剂灭活疫苗。疫苗株应与多种毒株有较强血清学交叉反应才能产生良好保护力,故对疫苗株的选择十分重要。包括我国在内,目前世界范围内应用最广的仍是单价苗。猫杯状病毒疫苗不仅在宠物行业应用广泛,在猫科野生动物的保护中也起重要作用。

(五)治疗

目前治疗猫杯状病毒相关疾病没有特异性药物,主要是采用对症治疗和支持治疗。多种可能对猫杯状病毒有治疗效果的药物正在研发当中,如乳酸菌、甲氟喹、猫 ω-干扰素等。猫 ω-干扰素对改善临床症状效果不明显,但可能会干扰猫杯状病毒在猫体内的复制。

二、犬瘟热病毒

(一)病因

犬瘟热是由犬瘟热病毒感染引起的急性高度接触性传染病。犬瘟热病毒为单股负链有囊膜的 RNA 病毒,属于副黏病毒科,麻疹病毒属,同属病毒有麻疹病毒、牛瘟病毒、小反刍兽疫病毒、海豹瘟热病毒、海豚瘟热病毒和鼠海豚瘟热病毒。犬瘟热病毒可分为 11 个遗传分支。

犬瘟热病毒最初的感染和随后的继发感染,主要由是否存在特定宿主细胞受体来决定。犬瘟热病毒首先感染免疫细胞,其中组织树突状细胞和巨噬细胞最先被感染,并转移至淋巴结,淋巴结中有大量活化的 T 细胞和 B 细胞。另外,淋巴细胞可通过淋巴系统传播病毒,临床症状也与病毒通过淋巴细胞传播到上皮细胞一致。感染犬瘟热病毒的淋巴细胞通过不同组织,如呼吸道、肺脏和膀胱的基底层上皮细胞进而扩散到上皮组织,病毒随后通过呼吸道分泌物、尿、粪等散布到周围的环境。反刍动物、食肉动物或灵长类动物通过接触气溶胶、尿和粪便,或吃被感染的被捕食者而感染。协同感染增加了一些宿主的发病率和死亡率。

(二)临床症状

犬瘟热病毒早期以双相热、结膜炎、支气管炎、卡他性肺炎、胃肠炎为特征,常见的症状包括脓疱性皮炎(图 5-34)、精神沉郁、厌食、发热、双眼浆液性至脓性分泌物、结膜炎、咳嗽、呼吸困难、腹泻,一些病犬的鼻部和脚掌会出现轻度到严重的过度角质化(图 5-35)。后期出现明显的神经症状,部分病例足垫过度角质化(图 5-36)。

犬瘟热病毒常引起犬、貂、狐等动物发病，病死率差异很大，为30%～80%。临床上犬瘟热很少单独发生，大多都有混合感染，继发细菌感染会导致死亡率增高，若并发肺炎，死亡率可高达90%。

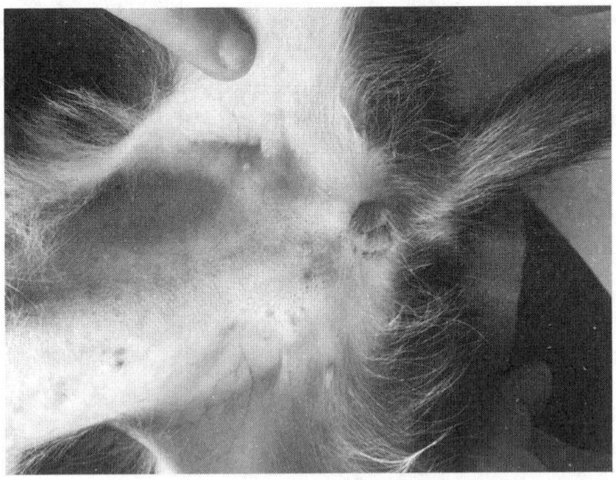
图 5-34　犬瘟热引起的脓疱

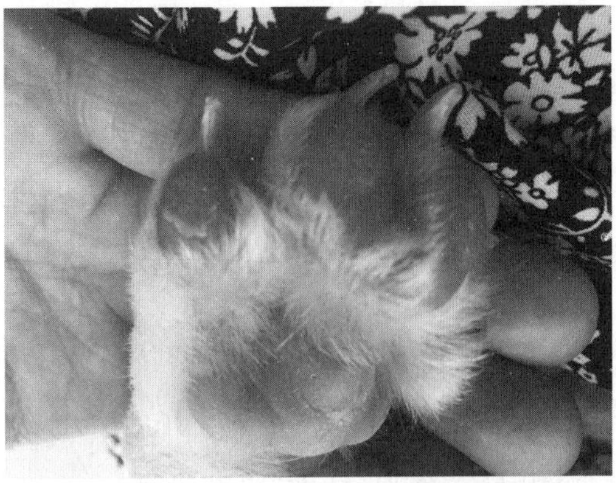
图 5-35　犬瘟热引起的脚垫增厚和脱皮

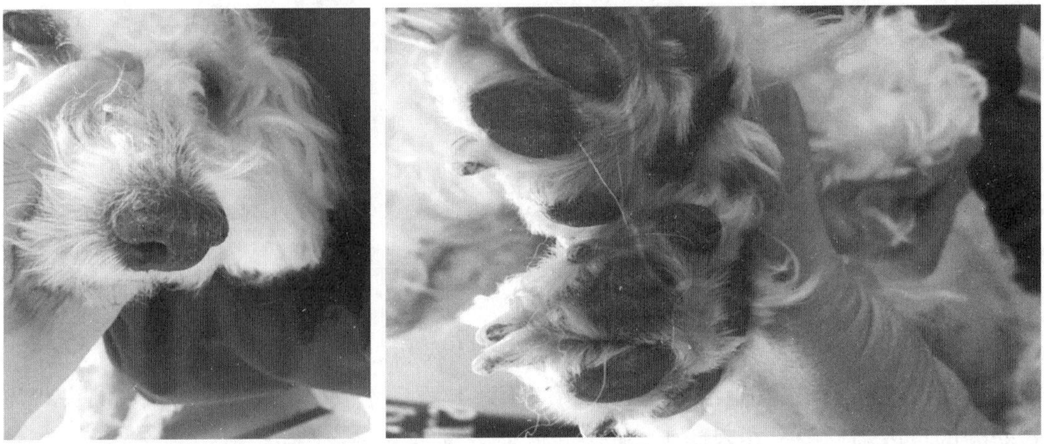
图 5-36　犬瘟热引起的鼻头干裂和脚垫增厚

(三)诊断

根据病史调查结合咳嗽、流眼泪、眼眵增多、鼻镜干裂、流脓鼻涕，体温升高、眼结膜潮红、爪垫增厚、四肢抽搐等临床症状，可初诊为犬瘟热。在疾病早期，临床症状与感冒、弓形虫及犬腺病毒2型等引起呼吸道疾病的病毒和细菌感染极为相似，再加上混合感染，需要借助检测方法才能确诊。

1. 犬瘟热抗原快速检测试纸条

目前临床检测该病主要采用由免疫胶体金技术制作的犬瘟热抗原快速检测试纸条，抗原快速检测试纸条是应用免疫胶体金技术原理制造的检测方法，目前广泛应用于犬瘟热感染的临床诊断中，具有简便、快速、敏感性高等特点。检测方法是：采病犬眼眵、唾液、鼻涕及血清，与稀释液充分混合；把混合液滴到犬瘟热病毒抗原快速检测试纸条上，3～5滴；静置10～15 min后，判读结果；同时出现“T”“C”线为阳性，仅出现“T”线为阴性，仅出现“C”线或者"T""C"线不出现表示检测结果无效。但由于受临床门诊条件的限制,样品不经过前处理直接进行检测,存在一定的假阳性和假阴性。

2. PCR 方法

PCR 方法是现在所使用的诊断方法中敏感性和特异性很高的方法之一,特异性高、可早期诊断、检测时间快、可定量或半定量等。尽管 PCR 方法跟抗原快速检测试纸条相比,特异性及敏感性更高,但是多数分子生物学检测方法需要特殊的仪器,受临床门诊条件的限制,并且对检测人员的知识要求较高,此法更适用于实验室的研究,在临床确诊中尚需进一步推广使用。

另外酶联免疫吸附试验、免疫组化技术、核酸杂交技术、双重 PCR 检测法、实时荧光定量 PCR 检测法、环介导等温扩增技术等也在临床中有一定的应用。

(四)预防

①预防。隔离、消毒,疫苗接种。

②紧急预防。对疫期或新引进的犬只应作隔离观察,或作紧急预防措施,或选用犬瘟热单克隆抗体注射液。

(五)治疗

治疗原则:对症治疗,防止继发感染。止咳平喘、促进食欲、预防神经症状,增强免疫力,隔离及环境消毒等。

三、犬乳头瘤病毒

犬乳头瘤是由犬乳头瘤病毒引起的一种肿瘤性疾病。犬的乳头状瘤是一种良性肿瘤,起源于鳞状上皮细胞,其发生经常引起动物的不适与躁动不安。大多数情况下,乳头状瘤生长在幼犬的口内和周围。在眼睑上,随着犬免疫系统的成熟,乳头状瘤通常会在 2~3 个月消失。犬乳头状瘤病毒是已知的可以引起小范围的似疣的皮肤肿瘤。这些皮肤赘生物被准确地定义为乳头状皮肤瘤。

(一)病因

犬乳头瘤病毒为乳头瘤病毒属的小型双链 DNA 病毒,主要感染青幼年犬猫;成年犬由于有较强免疫力,一般不会发生病毒性感染的乳头状瘤,而发生的多是非病毒性乳头状肿瘤,与自身肿瘤免疫机制有关。该病以接触为主要传播方式,也可通过污染物和昆虫间接传播。乳头状瘤病毒,在环境中相当稳定,可在 4~8℃存活长达 63 d,在 37℃存活 6 h。潜伏期 1~2 个月。

(二)临床症状

犬乳头状瘤有口腔乳头状瘤和皮肤乳头状瘤 2 种类型。犬的口腔乳头状瘤病,可在犬口腔内和头部皮肤产生多个病灶(图 5-37)。一般情况下,患犬体温、脉搏正常,精神良好。口腔乳头状瘤病变发生在唇、舌、颊、腭及咽黏膜,也可能遍布于面部和口腔。疾病初期是光滑的白色丘疹或斑块，随后发展为灰白色过度角化的病变，灰白色的光滑病变，表面高低不平，直径大小数毫米至数厘米不等。后期发展为表面粗糙的疣状隆起，3～4 周后长出非常紧密的小叶，形状如树枝或菜花样。肿瘤基部有蒂或无蒂与正常组织相连。面积增大时可导致瘤体损伤出血，有时可以看到有淡红色血样唾液从嘴角淌下。如继发感染时，口内恶臭，咀嚼困难，流涎，严重时甚至不能进食。消退期肿瘤皱缩，颜色也变为暗灰色。皮肤乳头状瘤主要发生在眼睑、面颊、四肢等部位。临床症状类似于口腔乳头状瘤。

乳头状瘤也可能发生在猫的舌头上。

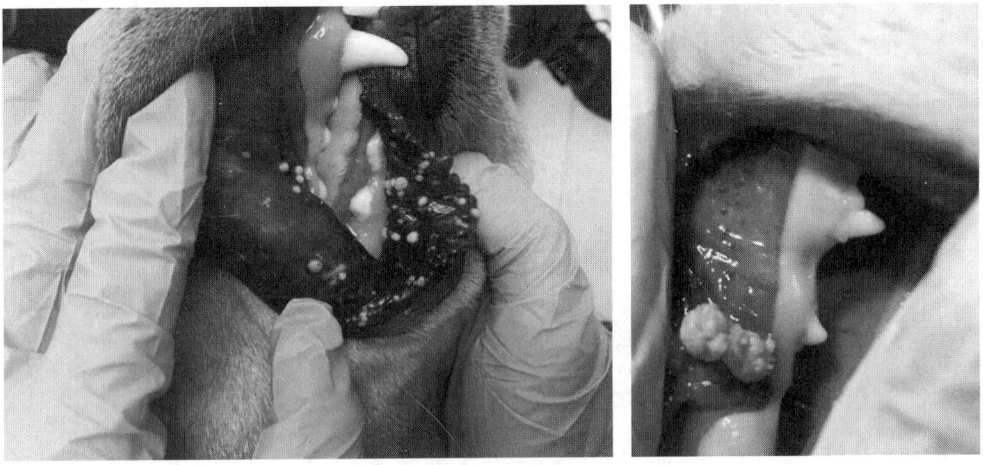

图 5-37　犬口腔乳头状瘤

(三)诊断

进行病理组织观察，增生组织呈小叶状，大小不等，周围有完整的结缔组织包膜，表皮角化，每个小叶同样拥有完整的角化包膜，小叶中央可看到部分坏死细胞，小叶中央空洞样管腔为具有血管的纤维结缔组织轴。细胞体积较大，胞浆丰富，核圆形或椭圆形，染色质较丰富。复层扁平上皮细胞围绕管腔呈圆周样整齐排列，层次分明，在颗粒层和棘细胞层出现大量中空细胞。

鉴别诊断：组织病理学检查可用于鉴别乳头状瘤和其他的上皮样肿瘤。

(四)预防

(1)发现有患病动物应及时隔离，否则非常容易传染其他健康动物。病犬用过的用具应彻底消毒。

(2)提高动物自身的免疫能力。疫苗和免疫调节剂，不能证明能快速地消除病变。尽管报道有保护性的皮肤肿瘤活菌苗，但市场上还没有用于犬的疫苗。

(五)治疗

1.药物治疗

口服或注射抗病毒药物。如阿昔洛韦、泛昔洛韦等，但疗效一般。注射干扰素有一定效果，同时增强全身的免疫力。若不治疗，病变通常数月后自行消退。

2.手术治疗

如果肿物影响进食或卫生，可以考虑手术切除或刮除。全身麻醉，切除肿瘤，烧烙创口止血，是最常用的治疗措施。也可以使用激光或液氮冷冻方法。手术时期最好选择在乳头状瘤成熟后，或者发生溃疡和出血时手术，否则可能会刺激其生长和复发。防止术后感染，使用抗生素如速诺(克拉维酸-阿莫西林)注射或口服，连续 5～7 d。使用抗病毒干扰素，连续注射 5 d，或口服抗病毒类药物。

本病为自限性疾病，患病动物多于数周乃至数月内自然康复，但由于在口腔黏膜形成大量瘤体，可直接影响动物的采食，而瘤体表面的破损，可继发细菌感染，导致口腔炎症、异臭等不良后果，因此早期手术治疗是较好的选择。

第五章彩图

第六章　过敏性与超敏性皮肤病

CHAPTER 6

第一节　犬异位性皮炎

犬异位性皮炎是指有遗传性素质的炎性、瘙痒性和过敏性皮肤病，是兽医临床中一种常见的皮肤病，临床特征明显，最常见于抗环境过敏原的 IgE 抗体。犬异位性皮炎发病时会涉及多个方面因素的相互作用，如皮肤结构、免疫系统和生活环境。犬异位性皮炎存在表皮屏障缺陷，因而更易致使抗原、刺激物和微生物入侵。制定治疗方案时应着重于控制能确诊的因素。

一、病因

犬异位性皮炎的发病机制很复杂，尚不清楚，遗传和环境因素决定着临床疾病的易感性。环境过敏原和/或食物过敏原，微生物或昆虫来源的致敏作用，能导致皮肤被炎性细胞、激活的自体细胞和局部产生的炎性介质浸润。诱因包括表皮屏障功能缺陷，皮肤的细菌（通常为假中间型葡萄球菌）和酵母菌（通常为马拉色菌）感染，精神性因素和并发的皮肤病。这些因素是相互关联的，且大多数情况下不清楚它们是否代表原发病因还是继发现象。有多个因素会引发皮肤炎症反应和瘙痒。

二、临床症状

犬异位性皮炎（AD）临床特征鲜明，最常见抗环境过敏原的 IgE 抗体。AD 是犬最常见的皮肤病之一，发病犬占犬总数的 3%～15%，在兽医临床，犬皮肤病病例占总病例数 3%～58%。AD 的诊断基于典型临床特征，且能排除其他症状相似的疾病。因此，临床诊断没必要采取更多的诊断试验（例如皮内试验或血清 IgE 试验），尽管这些试验可以用于定向治疗（例如脱敏治疗）。应该对 AD 进行合理的临床管理，因为 AD 通常是终生疾病，可以被控制但是很少治愈。

AD 的典型发病年龄是 6 月龄到 3 岁，最重要的临床表现是瘙痒，皮肤病变主要分布在口、眼（特别是表现为结膜炎）、耳、肘、腕关节和跗关节的屈曲面，趾和趾间皮肤，腹部，会阴和尾根腹侧皮肤。临床症状表现为季节性发病，更为常见的是全年发病，或是全年发病而季节性加重。病例症状表现都不尽相同，甚至差异很大，但是基本的症状都会包括瘙痒、慢性复发性皮炎、过敏病史和皮肤经典症候群，见图 6-1。

三、诊断

细菌和酵母菌感染常继发于异位性皮炎，应该首先考虑对其进行全身和外部治疗，随后定期进行外部治疗防止感染复发。并发食物过敏时，应该通过食物排除、激发试验得到确诊，随后应当饲喂合理的低过敏性食物。

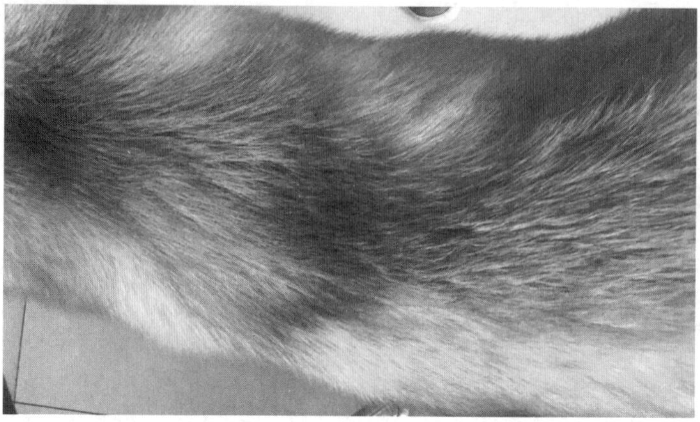

图 6-1　犬异位性皮炎严重瘙痒对毛发的自我损伤

四、预防

细菌、真菌感染，食物过敏等均可引起。体外寄生虫，特别是跳蚤，不是异位性皮炎的病因，而是一种混合因素，会使瘙痒加重，因此需要进行预防。

五、治疗

根据异位性皮炎临床症状的严重程度，以及宠物主人的意愿和期望值，可以进行对症治疗和/或环境过敏的特异性干预治疗(如回避过敏原，脱敏治疗)。对症治疗包括，使用糖皮质激素(全身或外部)，环孢素和奥拉替尼。其他治疗方式经证实疗效较低或少有疗效，包括抗组胺药、右美沙芬、脂肪酸、猫 ω 干扰素、米索前列醇、己酮可可碱、特异性 5-羟色胺重吸收抑制剂和三环抗抑郁药。治疗方法应该进行定期评估，并且根据个体需求而适当调整。通过多种治疗方法相结合，达到优点最大化、缺点最小化，通常可以实现有效的长期控制。

第二节　猫过敏性皮肤病

目前对于猫的过敏性皮肤病了解甚少，大多数的数据是由少数皮肤科医生的临床观察得来的。高度怀疑免疫球蛋白 IgE 在这些疾病中有确切的作用。异位性皮炎一词通常是指 IgE 介导的疾病，而本文中所用的术语是猫过敏性皮炎。这个术语中包含了所有慢性和复发性的瘙痒性皮肤病，和对糖皮质激素治疗有反应的皮肤病，并排除了那些由跳蚤或潜在的由跳蚤或其他外寄生虫、皮肤癣菌引起的皮肤病、精神性皮肤病、细菌性皮肤病和病毒性皮肤病。可能有品种易感性(阿比西尼亚猫)。

跳蚤叮咬过敏是猫过敏性皮炎最重要的鉴别诊断，跳蚤过敏的患猫可能会表现四种模式：粟粒性皮炎、头/颈部糜烂/溃疡、嗜酸性皮炎和对称性脱毛。

一、症状

普遍认为过敏的患猫至少呈现下列皮肤反应模式之一：

①粟粒性皮炎。

②头颈部表皮剥脱或溃疡(图 6-2、图 6-3)。

③嗜酸性斑块或肉芽肿，包括惰性溃疡和下巴油腻(图 6-4、图 6-5、图 6-6)。

④自我损伤导致的对称性脱毛(图 6-7)。

而这些模式中没有哪个能确诊特别的开始因素。过敏性皮炎患猫常出现多个表现模式，还可能涉及多个身体部位。但病变的类型和严重程度，或皮炎的程度都不能用于预测疾病是由食物还是环境过敏原引起的。

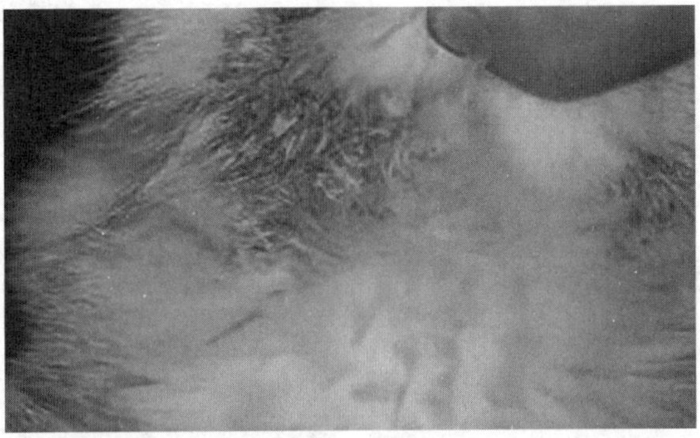

图 6-2 患猫颈部至口周的糜烂、溃疡

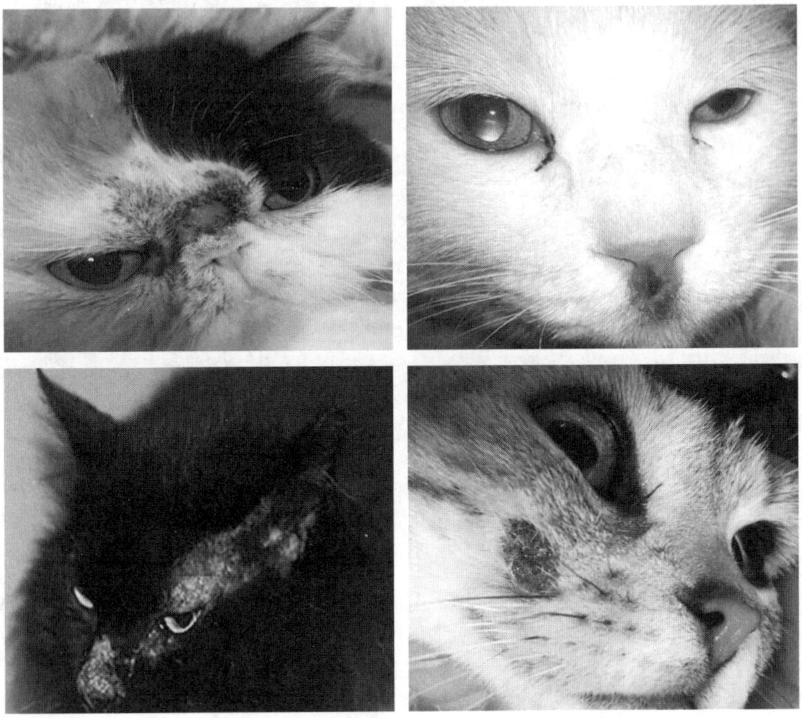

图 6-3 患猫头面部的糜烂、溃疡

图 6-4　过敏性皮炎患猫上唇的惰性溃疡

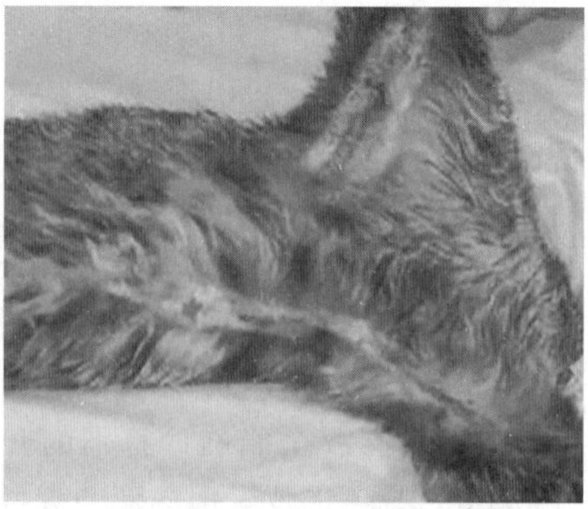

图 6-5　过敏性皮炎患猫大腿内侧的线性肉芽肿(刘欣)

图 6-6　嗜酸性肉芽肿

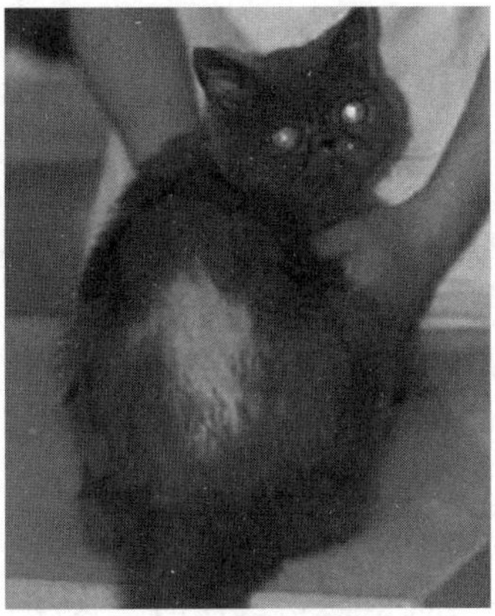

图 6-7　过敏性皮炎患猫瘙痒引起自我损伤导致背后部的对称性脱毛(刘欣)

二、治疗

过敏原特异性免疫治疗:由环境过敏原引起疾病的病例可以进行过敏原特异性免疫治疗,这似乎是一种安全的长期治疗。

糖皮质激素:一种过敏性皮炎的有效治疗,也是目前临床中最常见的治疗。可能时首选口服治疗,剂量为 1～2 mg/kg 的泼尼松龙通常有效。应避免使用泼尼松,因猫不能有效地将泼尼松代谢为泼尼松龙。应尽快逐渐减少剂量至控制瘙痒的最低隔日剂量。糖皮质激素治疗的长期风险包括肥胖、糖尿病和继发感染等。

环孢素:是一种适当的替代糖皮质激素治疗过敏性皮炎的药物。初始剂量应为 5 mg/kg 口服,但也有一些猫可能需要更高的剂量。预期在治疗的第二周初步改善。虽然在治疗初始时有时会出现呕吐和/或腹泻,但通常治疗耐受良好。

抗组胺药:治疗猫的过敏性皮肤病通常比犬更有效,但从未完全控制过。扑尔敏(2～4 mg/kg 口服 q12 h)是对猫最有效的抗组胺药。抗组胺药与泼尼松龙的结合使用可能有潜在的降低类固醇的作用。

第六章彩图

HAPTER 7

第七章　内分泌性皮肤病

内分泌是分泌细胞所产生的激素直接进入到体液中，以体液为媒介对靶细胞产生效应的一种分泌形式。内分泌系统参与调节动物机体的生长发育、新陈代谢、生殖衰老等许多生理活动和生命现象，协同各种生化酶维持机体内环境的相对稳定，使机体能够适应复杂多变的外界环境。当在各种因素的作用下，内分泌系统出现失调时，机体就会随之表现各种体征。皮肤是多种激素的靶器官，许多内分泌疾病都会表现皮肤病变。

皮肤是动物机体最大的器官，覆盖于动物的全身体表，由表皮、真皮和皮下组织构成，并含有毛囊、皮脂腺、汗腺、趾爪等附属器官以及丰富的血管、淋巴管和神经。皮肤起着稳定机体内环境的重要作用，一方面防止体内水分、电解质和其他物质丢失，另一方面阻止外界有害物质侵入，使体内各种组织和器官免受机械性、物理性、化学性因素的伤害和病原微生物的侵袭。此外，皮肤还参与机体的代谢过程。上述皮肤正常结构和功能的保持，受到多种激素的调节，许多内分泌疾病引起机体内分泌失调时，都会使皮肤在激素过多或缺乏的影响下受到损害，导致皮肤病的出现。甲状腺机能减退可引起脱毛、脂溢性皮炎和皮肤反复感染。肾上腺皮质机能亢进可引起双侧对称性脱毛、脓皮病和皮肤钙质沉着。雌激素过多可引起双侧对称性脱毛、黑头粉刺、脂溢性皮炎、色素沉着，在雄犬可引起阴茎腹侧发生线状包皮炎。雄激素过多可引起皮脂腺和肛周腺增生、分泌过度和油性脂溢性皮炎。

常见的内分泌性疾病有肾上腺皮质机能亢进(库兴氏病)、甲状腺机能减退、雄激素分泌过剩、卵巢囊肿和子宫内膜增厚、X 脱毛(肾上腺激素失衡、生长激素过少等)、犬再发性胁腹部脱毛(季节性、周期性)、垂体性侏儒症等。

第一节　犬肾上腺皮质机能亢进症

肾上腺皮质机能亢进症，又名库兴氏综合征，属于内分泌性疾病，是由于肾上腺皮质长期过量分泌糖皮质激素引起的一种综合征。犬比猫发生率高，与犬的品种纯度有关，是犬最常见的内分泌疾病之一。健康犬脑垂体分泌一种激素 ACTH，该激素刺激肾上腺产生激素，参与机体各个系统功能调节，如果脑垂体或肾上腺发生问题，引起一种或数种肾上腺皮质激素分泌过多，主要是糖皮质激素中的皮质醇分泌过多，就会发生包括皮肤问题在内的一系列临床症状。

一、肾上腺的解剖生理学

肾上腺是非常重要的内分泌器官，分为皮质和腺髓质两部分。

肾上腺皮质较厚，位于表层，约占肾上腺的 80%，从外往里可分为 3 部分，即球状带、束状带、网状带。

球状带分泌盐皮质激素，主要是醛固酮。盐皮质激素的主要生理作用是：促进肾小管重吸收钠而保留水，并排泄钾。它与下丘脑分泌的抗利尿激素相互协调，共同维持体内水、电解质的平衡。

束状带分泌糖皮质激素，主要是皮质醇。糖皮质激素具有调节糖、脂肪、和蛋白质的生物合成和代谢的作用，还具有抑制免疫应答、抗炎、抗毒、抗休克作用。它对骨骼肌，红细胞的产生，免疫系统，以及肾脏都有重要影响。称其为“糖皮质激素”是因为其调节糖类代谢的活性最早为人们所认识。

网状带主要分泌性激素，如脱氢雄酮和雌二醇，也能分泌少量的糖皮质激素。由于分泌量很少，所以对健康动物没有太大影响。

肾上腺髓质，位于肾上腺的中央。肾上腺髓质分泌肾上腺素和去甲肾上腺素。前者的主要功能是作用于心肌，使心跳加快、加强；后者的主要作用是使小动脉平滑肌收缩，从而使血压升高。

肾上腺皮质机能亢进有两种类型，一种是脑垂体依赖型（PDH），多由脑垂体的肿瘤引起，大约占到肾上腺皮质机能亢进病例的 80%，小型犬患此型偏多；另一种是肾上腺型（AT），通常由肾上腺肿瘤引起，约占 20%，体重在 20 kg 以上的大型犬患此型偏多；临床上还经常可以看到医源性的库兴氏综合征，是由于长期给予犬大剂量糖皮质激素引起的，停药后可好转。

二、临床症状

肾上腺皮质机能亢进的临床症状主要表现为多饮多尿、食欲增加、腹围增大、皮肤变薄、对称性脱毛（图 7-1）、皮肤钙质沉着，类固醇性肝病、高脂血症、高血糖等。中老年犬多发。2～16 岁犬都有发生，6、7 岁的犬发病率最高，无明显的性别和品种差异。猫也可能发生该病，发病率比较低，而且 80% 的猫并发糖尿病。80%～85% 的病例属于脑垂体依赖型（PDH），15%～20% 为肾上腺型（AT）。根据国外文献报道，脑垂体依赖型肾上腺皮质机能亢进（PDH）多发于 6 岁或 6 岁以上的小型犬，平均年龄 10～11 岁；肾上腺型（AT）多发于老龄犬，平均年龄 11～12 岁。

随着糖皮质激素（皮质醇）的缓慢升高，患犬会发生皮质醇升高的典型临床症状和机体损伤。由于病程进展十分缓慢，动物主人常常会认为动物的变化是因为年老的缘故，大多数犬在发生临床症状 1～6 年后才被诊断出该病。犬主带犬就诊往往是因为皮肤的问题。

1. 皮质醇增多症

血液中高浓度皮质醇阻碍抗利尿激素的生成或释放，患犬表现多尿，继发性多饮。皮质醇直接作用于食欲中枢，约 80% 的病犬食欲增强；肝脏肿大，腹肌无力，腹部膨大下垂。病犬表皮和真皮萎缩，皮肤菲薄，形成皱襞，血管显露（图 7-2），腹部可见很多粉刺，鳞屑增加，皮肤呈纤细的砂纸样。皮肤容易受损且不易愈合。

广泛性躯干脱毛，70% 病犬出现无瘙痒两侧对称性脱毛。因毛囊萎缩，易摩擦的部位（肷部、下腹部、股部、戴项圈犬的颈部）先脱毛，逐渐发展到躯干，严重时只剩下头部和四肢有毛。由于钙盐沉着，脊柱部、腹部或腹股沟部形成皮肤结石，伴有皮肤内斑点或出血的表层溃疡，真皮、表皮或角质层大量沉着黑色素。皮肤上出现黑头粉刺。

蛋白质代谢的异化作用带来骨骼肌的消耗，出现明显的肌肉萎缩、震颤。脊柱弯曲，飞节和肘头部易产生褥疮。

本病也可逆行性压迫大脑或脑干部而引起视力丧失、盲目运动。其他症状可能还表现为气喘(肺脏沉着无机物)，易发生尿路感染，生育能力下降，骨质疏松易骨折。有些犬可能只表现一种症状，有些犬可能很多症状都有。

2. 醛固酮增多症

醛固酮增多症临床表现为水盐代谢紊乱，水钠潴留，钾、氯排出增多。后期表现低血钾低血氯性碱中毒，如肌肉无力，烦渴，多饮，多尿，抽搐，持续高血压。

3. 肾上腺性激素分泌过多症：

母犬雄性化，或假性阴阳犬。

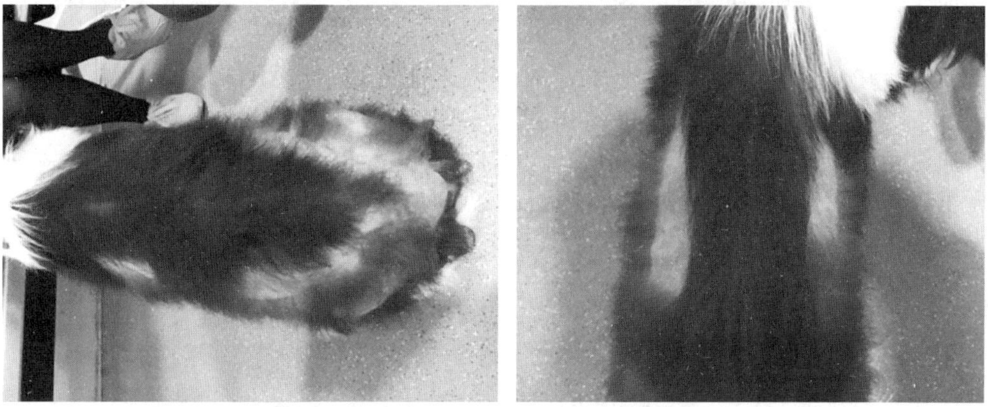

图 7-1　内分泌失调引起的对称性脱毛

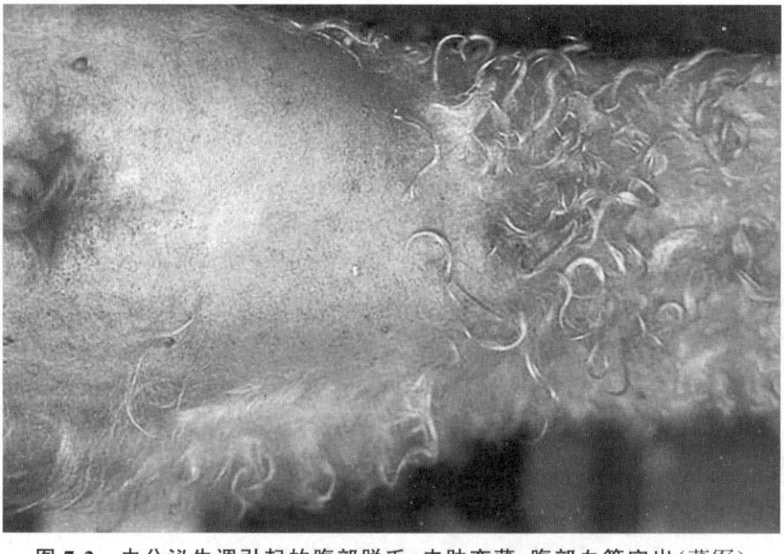

图 7-2　内分泌失调引起的腹部脱毛，皮肤变薄，腹部血管突出(董军)

三、诊断

怀疑患肾上腺皮质机能亢进的犬应进行血常规、生化、尿分析、脑垂体和肾上腺功能测定。病史、临床症状结合实验室数据可确诊该病。

1. 血象

红细胞增多(PCV 45%～55%);血象中典型的"应激性白细胞现象"与糖皮质激素过量分泌有关,即淋巴细胞减少、嗜酸性细胞减少、(成熟)中性白细胞增多。

2. 生化检查

生化结果异常包括肝酶升高和高脂血症。ALP(碱性磷酸酶)显著升高、ALT(丙 AA 转移酶)显著升高,胆固醇、甘油三酯均升高,空腹血糖升高,5%～10%的病例患有糖尿病。

3. 甲状腺功能测定

一般 T3、T4 降低,TSH 的反应正常,不需要补充甲状腺素。

4. 血压

血压可能升高,原因未知。

5. 尿液分析

尿比重降低和蛋白尿。

6. X 光检查和腹部超声

可能有支气管钙化和肾上腺肿瘤的转移灶;肝肿大,骨密度降低,50%的肾上腺肿瘤有钙化,皮下钙化。

腹部超声可能看到肾上腺肿瘤或增生。

7. 肾上腺功能检测

在兽医临床上常用的 3 种犬肾上腺皮质机能亢进筛查试验包括:ACTH 刺激试验、低剂量地塞米松抑制试验(LDDST)和尿皮质醇肌酐比(UCCR)。然而,没有一种试验对于诊断肾上腺皮质机能亢进是完全可靠的。

(1)ACTH 刺激试验。该试验可用于鉴别诊断医源性和非医源性肾上腺皮质机能亢进和检测患犬对治疗的反应。85%的 PDH 型和 69%的 AT 型肾上腺皮质机能亢进患犬呈阳性反应,总准确率为 80%～85%。ACTH 刺激试验的优点是特异性高,简单快捷(2～3 h),并能监测米托坦和曲洛斯坦的治疗效果;不足之处是敏感性较低,而且无法鉴别 PDH 和 AT。

(2)低剂量地塞米松抑制试验(LDDST)。在正常犬,低剂量地塞米松会抑制脑垂体释放 ACTH,因而作为一种负反馈可降低血清中皮质醇浓度,而肾上腺皮质机能亢进患犬不会产生这种抑制反应。该方法可以检测出 95%的 PDH,100%的 AT。敏感性约 95%,特异性约 70%。LDDST 的优点是敏感性高、成本低廉,并能鉴别部分 PDH;其缺点是特异性相对较低,而且比较耗时(8～9 h)。

(3)尿皮质醇/肌酐值(UCCR)。评估皮质醇的产生和排出比率。实验比较简单,敏感性比 LDDST 高,但特异性只有 20%,仅用于筛查实验。阳性者应进行 LDDST 验证,以鉴别诊断 PDH 和 AT。

确诊为肾上腺皮质机能亢进时进行高剂量地塞米松抑制试验。PDH 型患犬，高剂量地塞米松会抑制脑垂体释放 ACTH，降低血清中皮质醇浓度。70%的 PDH 型患犬注射高剂量地塞米松后，其血清皮质醇浓度低于注射前的 50%，100%AT 型患犬不会降低。

内源性 ACTH 浓度检测：PDH 型表现为 ACTH 浓度正常或偏高；AT 型表现为 ACTH 浓度降低或检测不出来。该方法是鉴别 PDH 型和 AT 型的很好的方法，但只有少数实验室可进行该项检测，样品的采集和运送有特殊的要求，如可能需要使用抑肽酶(特斯乐)预处理的 EDTA 采血管。

大部分兽医首选 ACTH 刺激试验诊断肾上腺皮质机能亢进，鉴别诊断 PDH 和 AT 需要采用其他内分泌试验，如高剂量地塞米松抑制试验(HDDST)和测定内源性血浆 ACTH 浓度。

四、防治

(1)防止继发感染。

(2)手术摘除。可摘除双侧肾上腺，术后需终生服用糖皮质激素，因此较少应用手术方法。

(3)药物。不能手术时，采用口服药物有一定效果，如邻苯二氯乙烷(米托坦)、曲洛斯坦、美替拉酮。

米托坦(0，P′-DDD，邻对氯苯二氯乙烷)治疗垂体依赖型及肾上腺皮质肿瘤均为首选。该药可选择性破坏肾上腺束状带和网状带，有效减少皮质醇的分泌。糖尿病患犬应同时减少该药和胰岛素的使用剂量，应随食物给药以增加吸收。应先从低剂量用起，7～10 d 后再根据用药反应及 ACTH 检测结果调整剂量。长期用药后，有时动物会出现医源性肾上腺皮质机能不足，可能需要停药并补充泼尼松，这种转变有时是终生的。因此，用药期间需密切监测患犬，每 3～6 个月做一次 ACTH 刺激试验。

盐酸司来吉兰(L-Deprenyl)治疗垂体依赖型肾上腺皮质机能亢进已经获得一些成功，它是一种单胺氧化酶 B 型抑制剂，能使脑内多巴胺水平恢复正常，由此降低 ACTH 的产生。主要缺点是费用高，另外对肾上腺肿瘤型犬肾上腺皮质机能亢进无效。一般用量为 1 mg/kg 体重，一般早上喂服，每天 1 次。2 个月后复查，可能需要逐步加大剂量。用药时间根据动物对药物的反应，即使好转也需要继续用药，以防复发和恶化。后期可能出现耐药性。药物可能的副作用有：呕吐、腹泻、烦躁、倦怠。也有报道说用药后动物出现兴奋的表现。

酮康唑治疗垂体依赖型(PD)肾上腺机能亢进，主要是可逆性地抑制肾上腺类固醇的产生。缺点是需终身每天用药 2 次，成本较高，可能出现肝损伤，疗效不确切。

由于肾上腺皮质机能亢进患犬多发生在中老年犬，很可能患犬同时患有其他疾病，治疗不一定能使犬更长寿，治疗的主要目的是为了提高患犬的生活质量。如犬同时患有甲状腺机能减退、肾脏疾病、糖尿病、皮肤或尿道感染等其他疾病，要同时给予治疗。患脑垂体肿瘤的患犬可能一开始对治疗药物有效，随着肿瘤的增大，症状可能又会复发。病程后期，常发生很多的并发症：血栓栓塞、感染、高血压、淤血性心力衰竭等。

(4)放射疗法。对因垂体巨瘤引起的病例可能有用。

第二节 甲状腺机能减退

犬甲状腺机能减退(以下简称甲减)是犬内分泌紊乱的重要疾病之一,是由于甲状腺激素合成、分泌不足或组织利用率低所致的,以全身新陈代谢率降低为特征的疾病。患犬在临床上常表现为昏睡、体重增加、运动不耐受和皮肤异常等症状,偶见眼、心血管、胃肠道、神经系统和凝血系统异常。由于甲减很难表现出典型的临床症状,因此,需要综合鉴别很多症状,再结合实验室血清学方法来诊断该病。甲状腺机能减退是犬最常见的内分泌病。由于临床症状的多样性,和缺乏完美的诊断试验,甲减也是最容易被过度诊断的内分泌病。

一、发病机理

下丘脑-垂体-甲状腺轴的任何部分功能障碍都会引起甲状腺机能减退。多数甲减属于获得性病变,罕见先天性障碍。

犬的甲状腺分成明显的两叶,位于颈部甲状软骨下方,气管两旁。甲状腺分泌四碘甲腺原氨酸(T4)和三碘甲腺原氨酸(T3)两种甲状腺激素。甲状腺激素的分泌受到来自垂体的促甲状腺激素(TSH)调节,促甲状腺激素受到来自下丘脑的促甲状腺激素释放激素(TRH)调节。甲状腺功能减退是由于T4和T3的分泌减少所致,而T4和T3的分泌减少可由下丘脑-垂体-甲状腺轴的任何一部分缺陷所致。

犬的甲状腺机能减退一般为自发性,是由于甲状腺组织的不可逆损伤所致。根据发病机理的不同,自发性甲状腺机能减退可分为原发性和继发性。原发性甲状腺机能减退的主要原因是淋巴细胞性甲状腺炎和特发性甲状腺萎缩,绝大多数犬的甲状腺机能减退属于原发性。只有很少比例的病例是由于垂体或下丘脑的疾病所致,称为继发性甲状腺机能减退,也称为中枢性甲状腺机能减退。

淋巴细胞性甲状腺炎目前被认为是一种自身免疫性疾病,约50%的成年犬甲状腺机能减退的病因是淋巴细胞性甲状腺炎。发病时,患犬的甲状腺组织发生淋巴细胞、巨噬细胞和浆细胞的多病灶浸润或弥漫性浸润,甲状腺滤泡受到不可逆的破坏,正常的腺体组织逐渐被纤维结缔组织取代。

特发性甲状腺萎缩是大部分非炎性甲状腺机能减退病例的病因,主要特征是:滤泡细胞退化、滤泡变小、腺体实质组织被脂肪结缔组织取代,但没有炎性浸润。特发性甲状腺萎缩发生的原因现在尚不清楚,但从组织病理学上来看,与淋巴细胞性甲状腺炎有着明显的差别。

原发性甲状腺机能减退的其他病因还有:肿瘤性破坏、抗甲状腺药物(例如增效磺胺)、放射治疗、先天性缺陷等,但这些病因在犬是比较少见的。

中枢性甲状腺机能减退主要是由于垂体促甲状腺细胞分泌的TSH不足所致。TSH的缺乏导致甲状腺发生萎缩性退化,特征是:滤泡扩张、滤泡上皮变得扁平,很容易与特发性甲状腺萎缩区别。中枢性甲状腺机能减退约占自发性甲状腺机能减退病例的5%。中枢性甲状腺机能减退最常见的原因是,外源性糖皮质激素或自发性肾上腺皮质机能亢进所导致的,对垂体TSH分泌的抑制。先天性TSH缺乏或垂体肿瘤也可引起中枢性甲状腺机能减退。

下丘脑分泌的 TRH 缺乏导致中枢性甲状腺机能减退极为罕见。

先天性甲状腺机能减退较为罕见，但也有不少报道，有单个病例，也有家族性病例。因为许多患病幼犬在生命的早期就死亡了，可能被误认为是幼犬猝死综合征，因此先天性甲状腺机能减退的实际发病率可能比报道的要高。多数先天性甲状腺机能减退病例是原发性的，如甲状腺发育不良、发育不全、发育障碍或甲状腺激素合成障碍等，只有极少数犬存在先天性中枢性甲状腺机能减退。

1. 甲状腺机能减退与皮屑增多性皮肤病

甲状腺激素的缺乏，导致机体新陈代谢减弱。皮肤代谢减弱的表现之一是皮肤角质的过度堆积，即角化过度。角化过度会使皮肤出现皮屑和毛发质量变差。在发病早期，常见皮屑增多或毛发干枯。由于耳道是皮肤的延续，许多患犬还存在外耳炎，症状表现为外耳道干燥和出现皮屑。

2. 甲状腺机能减退与脱毛性皮肤病

甲状腺激素对于毛发生长期的启动是必不可少的。甲状腺激素缺乏会使毛发一直处于休止期，很容易脱落，形成脱毛。如果在此期间给患犬剪毛，还会出现剪毛后毛发不再生长或生长缓慢的情况。脱毛一般先发生在躯体上容易遭受摩擦的部位，如佩戴项圈的颈部和摇动频繁的尾部。尾部的脱毛会使犬的尾巴在外观上像“鼠尾”，这是犬甲状腺机能减退的一个具有代表性的症状。随着病情的持续，脱毛区域通常会逐渐呈左右对称，并沿胁腹部和躯干渐进性发展，一般不波及头部和四肢。但是，并非所有患犬都表现为全身性脱毛和对称性脱毛，也有不少病例表现为局部脱毛和非对称性脱毛；大型犬还可出现四肢脱毛明显而躯干脱毛不明显的情况，可能是由于大型犬的四肢部位更容易遭受摩擦所致。另外，曾认为鼻背侧脱毛是寻回猎犬患甲状腺机能减退时的特征症状，但后来发现其他品种的犬也会出现此症状，并且甲状腺机能减退以外的其他内分泌疾病也可导致鼻背侧脱毛。

3. 甲状腺机能减退与黏液性水肿性皮肤病

甲状腺激素控制着黏多糖和透明质酸的生成与代谢平衡。甲状腺激素缺乏，会导致这两种物质在皮肤中堆积，使皮肤出现非凹陷性黏液性水肿。这种水肿在头部表现得较为明显，额头皮肤和嘴唇的水肿性增厚以及眼睑下垂，会使犬的面部呈现出一种“悲伤”的表情。

4. 甲状腺机能减退与继发感染性皮肤病、瘙痒性皮肤病

甲状腺激素有促进体液免疫应答和细胞免疫应答的作用，甲状腺激素缺乏会导致机体对感染的抵抗力降低。10%～20%的甲状腺机能减退患犬存在继发性皮肤细菌感染和马拉色氏霉菌感染，有的还会感染蠕形螨，这些疾病迁延难愈或反复发作。用常规方法治疗这种继发感染效果很差，需要同时控制和改善甲状腺机能减退。皮肤发生感染后可出现瘙痒，导致皮肤病灶遭受患犬抓伤和擦伤，从而使得皮肤病的临床表现和组织病理学表现更加复杂。

5. 甲状腺机能减退与其他皮肤症状

患犬脱毛部位以外残存的毛发通常会变得干枯、脆弱，并且会在各种脱色因素的作用下颜色变浅。患犬的皮肤一般会出现色素沉着，脱毛部位尤其明显。皮肤上往往还会产生黑头粉刺，主要集中在腹部。此外，约 40%的患犬会伴发干性或油性脂溢性皮炎。某些品种犬的毛发周期和毛发类型与其他犬有差异，它们在发生甲状腺功能减退时，皮肤病的临床表现

较为独特。严寒地区的犬种发病时脱毛主要是脱落较短的绒毛，使未脱落的长毛呈粗糙的羊毛样外观。而拳狮犬和爱尔兰赛特犬，与其他犬患病时被毛脱落不同，它们患病时被毛增多，多毛症的原因并非是被毛生长旺盛，而是因为死毛保留过多。

6. 皮肤组织病理学表现

犬甲状腺机能减退的皮肤组织病理学表现主要有：休止期毛囊（萎缩或过度角化）增多、皮肤增厚、黏液性水肿和立毛肌空泡形成。这些表现不具有特异性，与其他内分泌疾病的皮肤组织病理学表现难以区分。犬发生甲状腺机能减退时，皮肤可出现炎性损伤和继发感染，如果还存在脂溢性皮炎，则会进一步促进炎症和感染的发展。在进行皮肤组织病理学检查时，炎症通常表现为中性粒细胞、巨噬细胞、淋巴细胞、浆细胞在皮肤和皮肤附件处积聚；感染一般表现为毛囊炎。如果炎症很严重，可能会掩盖与甲状腺机能减退更为相关的组织病理学变化，在这种情况下，皮肤活检样本应从炎症或感染不明显的部位采集。

二、临床症状

常与淋巴细胞性甲状腺炎或自发性甲状腺萎缩引起的原发性甲状腺机能障碍有关。

甲状腺素影响许多器官的功能，使甲减引发的问题非常多样，容易与其他疾病相似。甲减的许多症状是非特异性的，而且发病早期没有症状，使其鉴别诊断异常广泛。因此，甲减反而是一种经常被过度诊断的疾病。最常见的甲减症状是代谢率降低和皮肤问题，较少发生但是被较多报道的症状包括神经异常、对心血管系统和母犬的生殖系统的影响，以及先天性甲减的症候群。行为改变、公犬不育、眼睛疾病、凝血异常和胃肠障碍等症状在甲减时也可能发生，但与甲减没有必然的因果关系。

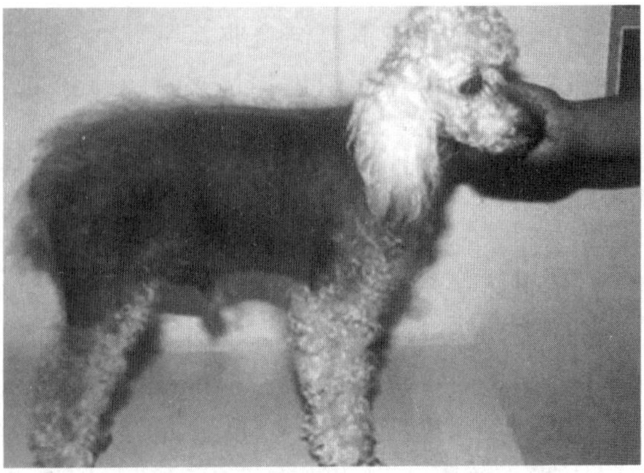

图 7-3　甲减——躯干泛发性脱毛

甲状腺机能减退犬常见，中老年犬发病率高。早期症状为：鼻梁脱毛，四肢和头一般不掉毛；可能双侧性对称性脱毛，被毛易脱落，见图 7-3；可能皮肤粘蛋白沉积、慢性干性或油性皮炎，常有异味。

三、诊断

诊断方法：平衡透析法和内源性促甲状腺素（TSH）分析法检测血清总甲状腺素（TT4）、游离甲状腺素（FT4）含量。TT4、FT4 低，TSH 高，提示甲减。

总 T4：敏感性较高，是最好的筛选试验。＜2％的假阴性，特异性低，其他疾病和药物可诱发总 T4 降低。试验方法有犬的放射免疫法、人的放射免疫法、人的化学发光法、临床中的 ELISA 法。

其他辅助检测：胆固醇升高、轻度贫血。相关的临床症状有全身症状；皮肤病。

甲状腺机能正常的病态综合征包括：肺炎、免疫介导性溶血性贫血、全身红斑狼疮、椎间盘病、全身性蠕形螨病、深层脓皮病、深层真菌感染、肾上腺皮质机能亢进、糖尿病、肾衰、肝衰、心衰、胃肠疾病、淋巴肉瘤。

能使总 T4 下降的药物：糖皮质激素、磺胺类药物、安定、雄激素、阿司匹林、保泰松、苯巴比妥和扑癫酮(去氧巴比妥)。

临床上接诊皮肤病患犬时，若发现患犬皮肤存在皮屑增多、毛发质量差、脱毛、感染、色素沉着或黏液性水肿等可由甲状腺机能减退引起的皮肤症状时，要考虑甲状腺机能减退的可能，尤其是当这些皮肤症状迁延难愈或反复发作时。甲状腺机能减退可引起的不仅仅是皮肤的症状，要仔细问诊，不要忽视可能存在的皮肤以外的症状，如嗜睡、体重增加、运动不耐受、不耐寒、神经异常、心动过缓、心肌收缩力下降、溢乳、母犬生殖能力下降、角膜脂质沉积、泪液生产减少、小肠细菌过度增殖等。常规的实验室检查也很有必要，可以显示甲状腺机能减退可能引起的机体内部的一些变化，如贫血、血胆固醇升高、肌酸激酶活性升高等。除此以外，还需结合内分泌学试验来综合判断。

犬甲状腺机能减退的血清学诊断，一般通过检测血清总 T4(TT4)、游离 T4(FT4)和 TSH 来进行。TT4 和 FT4 都降低，提示甲状腺机能减退；TT4 降低和/或 FT4 降低，同时 TSH 升高，提示原发性甲状腺机能减退；TT4 降低和/或 FT4 降低，同时 TSH 降低，提示继发性甲状腺机能减退。结合临床症状，一般可做出诊断。如有必要，还可进行抗甲状腺球蛋白抗体检测和甲状腺闪烁扫描来进一步诊断。

四、治疗

犬甲状腺机能减退性皮肤病的治疗，除了针对皮肤症状进行抗炎、抗感染、抗皮脂溢、止痒等对症治疗外，最根本的还是要补充甲状腺激素。现在有一种左甲状腺素的液体制剂，其生物利用率比片剂要高，尤其是空腹服用时。该药的药代动力学特征显示，其剂量为 20 μg/kg，每日 1 次。美国生产的 Thyromed 左旋甲状腺素钠咀嚼片推荐初始剂量为 22 μg/kg，每日 2 次。然后，每隔 4 周监测血液中的 T4 水平，根据监测结果调整剂量，直至调整至合适的维持剂量。对继发的脂溢性皮炎、脓皮病、马拉色菌病等，口服左旋甲状腺素，直到症状消失(8～16 W)，之后以维持量治疗，重建皮肤脂质层。

不建议使用合成 T3 治疗甲减，因为会提高医源性甲亢的风险。而且 T3 的半衰期较短，一天需要给药 3 次。如果患病动物胃肠对 T4 的吸收出现障碍，可以使用 T3 代替治疗。T3 在胃肠道的吸收几乎是 100%，而 T4 的口服生物药效率只有 10%～50%。与人不同，犬并不缺乏 T4 向 T3 转化的能力。正常甲状腺分泌的 T4∶T3是 20∶1，而市场提供的 T4∶T3 产品的比例是 4∶1，很容易造成医源性甲亢。

口服左甲状腺素治疗犬甲状腺机能减退效果是比较好的，只要治疗方法得当，通常所有与甲状腺机能减退相关的异常改变都是可逆的，长期预后极好。值得注意的是，左甲状腺素的治疗作用是缓慢的，过量使用可引起甲状腺毒症的体征和症状，包括：多饮多尿、食欲增强、耐热力降低、活动过度、性格改变。对于患有临床症状明显的心脏病、高血压的犬，用药需谨慎。对于存在肾上腺皮质机能不全且未经治疗的犬，不得使用左甲状腺素。

肾上腺皮质机能不全主要见于患有中枢性甲状腺机能减退的犬。垂体激素的缺乏不仅会造成甲状腺机能减退，也会造成其他内分泌腺的机能减退。临床上，主要是促肾上腺皮质激素（ACTH）的缺乏，而 ACTH 的缺乏最终会导致肾上腺皮质机能不全。在补充 T4 治疗甲状腺机能减退之前，必须先评估垂体-肾上腺轴的功能，如存在肾上腺皮质机能减退，可通过补充皮质醇来进行治疗，以避免由于糖皮质激素缺乏引起患犬死亡的风险。

第七章彩图

HAPTER 8 第八章　免疫与自身免疫性皮肤病

第一节　落叶型天疱疮

一种少见的自身免疫性皮肤病。表面形成脓疱和水泡，可导致不同程度的糜烂、溃疡和结痂。

一、病因

落叶型天疱疮是一种自体免疫性皮肤病，结合组织的自身抗体针对表皮间细胞抗原，乙酰胆碱受体沉积在细胞间隔区，与钙黏蛋白反应，导致上皮细胞分离和细胞变圆（皮肤棘层松解）。

落叶型天疱疮通常是特发的，病因不明，目前认为与遗传、感染、某些药物刺激等有关，或是某些慢性炎性皮肤病的后遗症。

二、临床症状

落叶型天疱疮可能是犬猫较常见的自体免疫性皮肤病。任何年龄、性别、品种都可能发生此病，秋田犬、长须柯利犬、松狮犬、腊肠犬等更易感。

患病动物表现为黏膜感染，表皮下形成水泡或脓疱，然而完整的水泡和脓疱常常很难找到，病变部位易破裂且被毛发覆盖，继而引发浅层糜烂、红斑、表皮环形脱屑、结痂、鳞屑、病变部位脱毛、足垫角质化裂缝。典型部位常位于鼻面部（图 8-1）、眼周、耳廓、爪垫，有的扩散至全身（图 8-2）。皮肤病变处表现不同程度的疼痛和瘙痒，与体外寄生虫感染相比较，瘙痒程度普遍较轻微甚至无痒感。犬只黏膜病变通常是最轻的，患全身皮肤病时，并发淋巴结肿大、肢体水肿、发热、厌食和沉郁。猫爪褶和乳头周围的病变是天疱疮的常见特征。

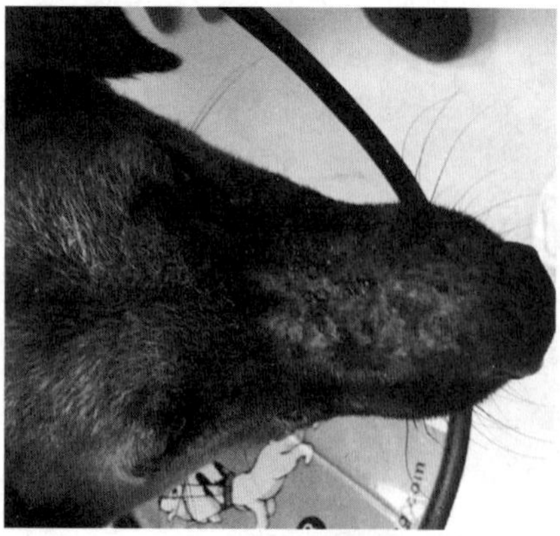

图 8-1　落叶型天疱疮，鼻面溃疡、结痂

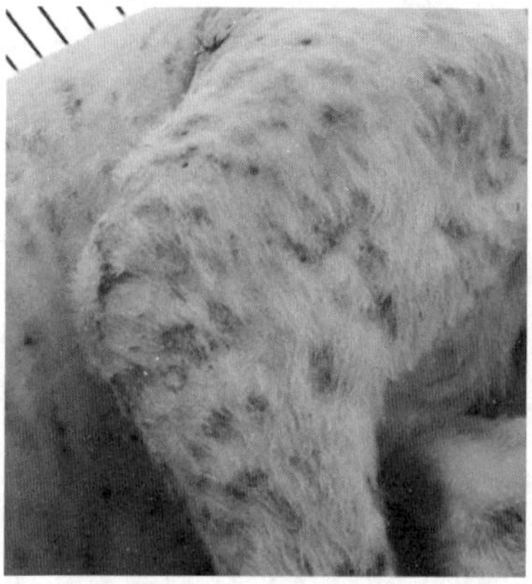

图 8-2　落叶型天疱疮，全身结痂（刘欣）

三、诊断

一般根据临床症状做出初步判断，典型病例一般脓疱发生于颜面部(鼻梁、眼周)及耳廓，并逐渐扩散到全身，有不同程度的瘙痒，但有很多病例表现无痒感。爪垫过度角化，也有面部未见明显临床表现的病例。

对病变严重的痂皮、渗出液进行采样，染色后镜检，细胞学可见大量嗜中性粒细胞和棘层松解细胞，棘层松解细胞的胞体大，呈圆形至多边形，细胞核大而深染，胞浆均匀，煎蛋状，呈嗜碱性(图 8-3)。为进一步确诊，可选受损皮肤或病变周围的皮肤，进行活检。

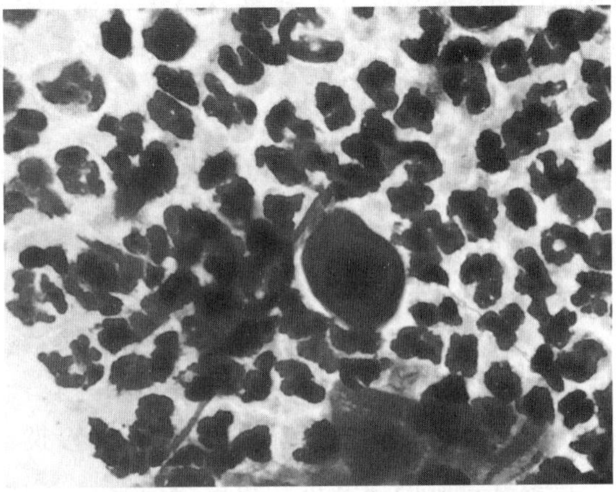

图 8-3　落叶型天疱疮，渗出液中有完整的中性粒细胞和煎蛋状棘层松解细胞(刘欣)

四、治疗

治疗落叶型天疱疮主要采用免疫抑制剂，临床效果确实而且副作用小，但起效较慢。根据临床需要，为了尽快改善临床症状，减少环孢素用量，可联合糖皮质激素长期应用，常评估临床症状，及时调整治疗方案，对严重病例，初期可采取住院治疗。

(1)免疫抑制剂可选用环孢素 5 mg/kg，每日 2 次。

(2)泼尼松开始控制剂量为 1～2 mg/kg，口服，每日 2 次，最小维持量为 0.5mg/kg，每隔 48～72 h 一次。泼尼松剂量可逐渐减少。

(3)口服头孢氨苄等抗生素，防止继发感染。

其他治疗可口服不饱和脂肪酸，以及使用恢复皮肤平衡的功能香波药浴。

大多数病例预后良好，有些病例可能需要终生治疗，维持疗效以方便及时发现潜在的并发症。

第二节　系统性红斑狼疮

系统性红斑狼疮是一种多系统自身免疫性疾病，机体多个组织器官被当作异物被自身免疫系统攻击时即发病。临床症状主要表现为血管炎，有时相当严重。系统性红斑狼疮可累及关节、皮肤、肾脏、血小板和红细胞。绝大多数患犬为青年到中年犬。许多品种犬都可发生系统性红斑狼疮，易感品种有德国牧羊犬、喜乐蒂牧羊犬等。

一、病因

系统性红斑狼疮特征是形成自身抗体，与机体细胞上或细胞内的抗原(蛋白)形成循环性抗原-抗体复合物，体内形成抗多种组织成分自身抗体的原因尚不清楚，可能与遗传素质、免疫调节功能紊乱、微生物感染以及药物诱导等因素有关。

自身抗体有抗血细胞抗体和抗核抗体两大类。抗血细胞抗体使血细胞溶解，引起自身免疫性溶血性贫血、自身免疫性白细胞减少症和自身免疫性血小板减少性紫癜等。抗核抗体在皮肤、肾脏、血管、关节等组织器官中形成相应的免疫复合物，沉积在这些组织器官内，引起结构和功能改变。目前我们还不清楚为什么机体会产生针对自体组织的抗体。

二、临床症状

系统性红斑狼疮大多发病缓慢，病程延续 1 年至数年，症状缓解与加重交替发生，最初的症状可能是非特异的，如间歇性发热、体重减轻、嗜睡无力、食欲减退和轻度跛行。系统性红斑狼疮大多表现为关节肿胀和疼痛，发生多个关节的炎症，对称性关节炎，表现为跛行、疼痛和关节肿胀。皮肤型症状的患犬表现为皮炎、患部脱毛及弥漫性红斑，发生在鼻梁及眼眶周围的形成似蝴蝶样病变。累及肾脏的患犬最初可能没有症状，当肾脏发生显著性的损害，可能出现蛋白尿、血尿、肾性水肿、肾功能衰竭，甚至死亡。皮肤表面出现突出表面的小盘状红色疹块，陈旧病变可形成萎缩性瘢痕，特称为盘状红斑狼疮。患犬会出现免疫介导性溶血性贫血，血小板也可能受影响。相关症状包括虚弱和因贫血导致的牙龈苍白，以及因凝血不良导致的牙龈和皮肤广泛性出血。

猫系统性红斑狼疮较少见，常见于犬，若猫患病，症状与犬相似，有发热、淋巴结肿大、皮肤病变、肾小球性肾炎、溶血性贫血、白细胞减少症、血小板减少、多发性关节炎等。

三、诊断

根据临床症状做出初步判断，通常进行血液和尿液常规分析，可揭示多种异常，如溶血性贫血、白细胞减少、血小板减少、血液和尿液中蛋白浓度升高等。根据临床症状，可进行关节和腹部的 X 线拍片，检查关节和肾脏。

可以进行抗核抗体检测、红斑狼疮凝集试验和库姆斯氏试验，系统性红斑狼疮呈阳性。系统性红斑狼疮的皮肤活检，出现血管炎和脂膜炎。也可对皮肤、肾脏和关节的活检组织进行免疫试验。

四、治疗

可参照天疱疮的治疗，采用糖皮质激素疗法，泼尼松是最常见的治疗药物。如果患犬对泼尼松单独治疗无反应，可配合给予更强的免疫抑制剂，如硫唑嘌呤、环孢菌素和环磷酰胺等免疫抑制剂来控制病情，所以在开始治疗前排除感染性疾病的存在很重要。当临床症状改善，可以逐渐减少泼尼松的剂量。另外使用一些有助于减轻蛋白尿、关节疼痛、呕吐、体重减轻和其他症状的药物，使用补充剂并改变饮食。也有血浆体外免疫吸附回输疗法的报道。

该病需要对疾病和药物的潜在副作用进行长期监测。泼尼松通常导致多食、多饮和多尿，体重增加，继发肝脏损伤。更强的免疫抑制剂可对血细胞和肝肾功能产生不良影响。治疗期间每周进行一次血液和尿液检查。通常患犬终身都需要定期复查。

系统性红斑狼疮是一种很难控制的慢性进行性疾病。许多宠物对治疗没反应或仅部分有反应（如皮肤改善，但肾脏疾病没有改善）。有时起初有反应，但是随着时间的推移，疾病变得很难控制。如果肾脏发生损伤，且肾脏开始衰竭，则预后差，且生存期通常较短。

第八章彩图

CHAPTER 9 第九章　其他皮肤病

第一节　肿瘤性皮肤病

据统计，肿瘤已经成为当今老年犬的第一大杀手。肿瘤不但类型众多、发病部位广泛，生物学特性也各异，在临床表现出的症状也是五花八门。全身组织器官几乎都可以出现肿瘤病症。下面分析肿瘤的致病原因，列举一些常见的容易被忽视的病症，就诊治要点做汇总阐述，以供参考和借鉴。

一、病因分析

自病理学角度考虑，肿瘤为某组织细胞异常增殖后所形成的新生物质，在养犬中属常见多发病。目前分析致病因素尚不清楚，但是根据大量临床资料汇总及试验研究表明，肿瘤的形成与多种因素的作用有着很大的关系。比如：化学因子作用机体，已知的致瘤物质，包括亚硝胺类、黄曲霉素毒素、化学药剂等100多种，与其不良接触均可诱发肿瘤症；生物因素作用机体，如病毒、寄生虫等，均可导致肿瘤症。除此之外，机体抵抗力降低、内分泌系统失衡、遗传因子的作用、微量元素的缺乏、营养状况不良等，对肿瘤的形成均有直接或间接的作用影响。

二、犬常见肿瘤

犬常见肿瘤较多，汇总有如下几种：

1. 纤维瘤

皮下疏松结缔组织部，常可见此类肿瘤。外观球形、半球形，外包膜，多数为良性肿瘤。触诊，有的质地坚硬，有的质地松软，有的内含液体。黏膜处肿瘤，又称息肉，呈粉红色，常见于鼻腔、食管、直肠、阴道等处。纤维瘤的治疗，采用手术摘除效果更好。

2. 脂肪瘤

脂肪细胞形成的良性肿瘤为脂肪瘤，多见于成年母犬。脂肪瘤生长缓慢，触之光滑，质地较软，有包膜。此肿瘤手术摘除效果好，很少有复发。

3. 乳头状瘤

乳头状瘤多见于老年犬，此病属良性，为DNA病毒所致。乳头状瘤，表现为菜花状突起，瘤表面有蒂，长大后易受损出血。乳头状瘤，常见于犬类的口腔、头部、眼部、生殖器等处。乳头状瘤多数在1～2个月后可自行康复，不治而愈。通常情况下，经过手术切除、冷冻疗法等，都可得到很好的治愈，康复效果理想。

4.乳房肿瘤

乳房肿瘤，母犬中较为常见，占犬肿瘤类疾病的42%。此症10～12岁母犬多发，2岁以下发病率低。而且，纯种犬的发病率更高些。乳房肿瘤多数为良性肿瘤，少数为恶性肿瘤。此症的发生与激素失调相关，临床治疗在全身麻痹状态下进行，切除肿瘤乳腺，达到康复治疗的效果。

5.阴道肿瘤

阴道肿瘤是母犬常发肿瘤。常见的是平滑肌瘤和可传播性性病瘤，其次为纤维瘤、纤维肉瘤、神经纤维瘤等。症状特点是会阴部隆起，有的肿瘤瘤体可从阴门脱出，出现尿频，尿中带血。若确诊，须进行病理学检查，多数阴道肿瘤可用手术切除法治疗。

6.鳞状细胞癌

多发于6～9岁老年犬，长期阳光辐射、机械刺激、烧伤或冻伤可诱发本病。常单个发生，基底部宽，表面呈菜花状或火山口状，多发于头部，尤其耳、唇、鼻、眼睑部常见。常侵害骨骼，近而转移到局部淋巴结。分化完好的癌细胞可产生大量角蛋白，形成"角化珠"。早期可作大范围的临体切除，但易复发，结合放射疗法或化学疗法可减少复发。

三、诊断

做好肿瘤诊断工作，应了解其发生发展的基本过程，留意肿瘤的生长速度。同时，注意与炎性增殖性肿胀的区别。诊断期间，注意观察病犬营养状况、精神状态、食欲变化等等。条件允许的，结合血、尿、粪等常规检查，参照血液监测中某些酶变生化指标，为确诊判断提供依据。此外，仔细触摸肿瘤的范围和数量，肿瘤的硬度，有无疼痛、有无分叶，根蒂是否明显，观察有无溃烂、出血，血管分布状况，从而结合病史和全身检查初步判定肿瘤属良性还是恶性。对机体内部肿瘤只能通过手术探查或内窥镜检查进行诊断。

病理检查。用较粗注射针头或小套管针刺入瘤体吸取条状瘤组织(或在切除肿瘤时直接切取小块瘤体)，置于10%福尔马林溶液中送检。对抽出的液体可做涂片，染色后检查。还可对胸、腹水，阴道、呼吸道分泌物进行涂片，做脱落细胞的检查。

其他方法。如有条件可做X线检查、超声检查、放射性同位素检查、电子计算机断层扫描检查等。

四、治疗

肿瘤已恶化、有恶化倾向，或者良性肿瘤难以排除恶化倾向的，建议尽早安排手术，甚至可将其部分正常组织一并切除。即使是良性肿瘤，有危及生命的可能，都要进行紧急手术摘除。良性肿瘤肿块大，且病发感染症的，可择期选择手术摘除；肿瘤较小不影响生理机能的，注意定期观察，可不作手术处理。肿瘤除去的方法，除手术摘除外，还可用结扎根蒂明显的肿瘤，有效阻断肿瘤内血液供应。通常情况下，经8～10 d，肿瘤将自行脱落。或选择冰冻疗法，治愈良性肿瘤效果同样较好。采用此法，肿瘤较小的，直接用液氮冻结瘤体；肿瘤较大的，对瘤体先行切除，之后，冻结肿瘤与健康组织间的交接部。总之，恶性肿瘤的治疗，及早手术彻底清除仍为不错的选择。

除上述介绍的疗法，还有放射疗法、化学疗法、免疫疗法、激光疗法等，一定程度上均可延长病犬的寿命。

第二节 肛门腺炎

随着人们生活节奏的加快，犬的运动量逐渐减少，营养又比较充足，使犬肛门腺炎的发病率呈逐渐上升趋势。犬肛门腺炎是肛门腺囊内腺体分泌物发生滞留，腐败后刺激腺体黏膜所引起的炎症。6 月龄以下幼犬多发，并常发展为胃肠卡他，胃肠炎，病势多急剧，成年犬多取慢性经过。病初患犬因疼痛、瘙痒，常在地面摩擦肛门或舔肛门区，肛门周围红肿，肛门腺囊隆起，肛门腺囊充盈，有少量分泌物积聚。后期患犬肛门两侧破溃，腹围紧缩，频频努责，里急后重，排便时尖叫，疼痛，仅排出少量黏液，有的还混有稀红色血液。食欲降低乃至废绝，体温无明显变化。

一、病因

当犬肛门腺体分泌过度时，腺导管阻塞或肛门括约肌功能不良，均易致腺体内分泌物滞留，引起感染、发炎、肿胀。

二、临床症状

肛门检查体温时，犬疼痛狂叫，体温升高，精神萎靡，烦躁不安，肛门肛周肿胀、发红、发痒(图 9-1)。在便后及安静时，肛门常拖地向前行走或来回摩擦地面。病犬回头舔咬肛门周围，或咬后腿上部外侧的皮毛及尾根。在安静时呈坐滑梯状，正常犬在坐姿时肛门不接触地面，患病时经常出现一侧后肢直立而另一侧后肢侧立，肛门贴地的奇怪姿势。严重的从腺体排泄口可挤出脓汁，感染后期可能会出现穿孔，甚至肛门外翻。

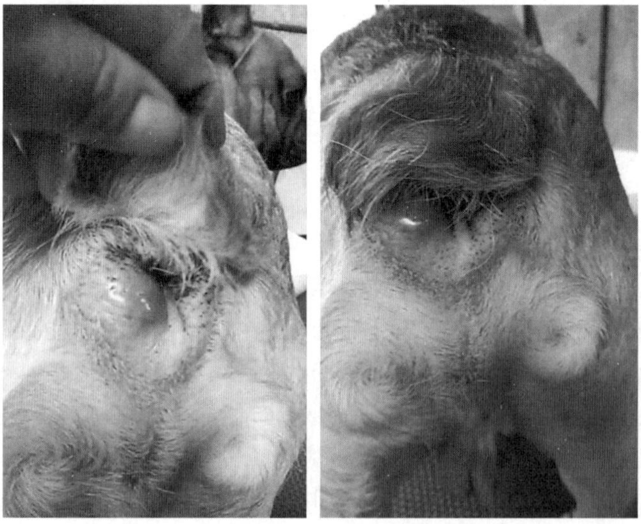

图 9-1 肛门腺炎

三、诊断

(1)抹片检查。用接种环钩取肛门腺排出液,涂抹于玻片上,革兰氏染色,分别对抹片进行随机抽点计数(每病例抹片选 3 个点)。

(2)药物敏感试验。用接种环将肛门腺排出液接种 S. S 琼脂培养基,在 37℃ 恒温培养箱中培养 24 h 后,用棉拭子蘸取分离培养菌落群,然后均匀地涂抹于琼脂培养基上,将庆大霉素、氨苄青霉素、青霉素、氯霉素等抗生素药敏纸片放置其中,24 h 后观察抑菌环。

四、治疗

1.清洗挤压法

若肛门排泄口阻塞时,可将患犬保定,左手提起尾巴,在肛门腺管开口处,用右手拇指挤压肛门腺底部。或戴上消毒手套,用食指伸入肛门,对准肿胀腺体轻轻挤压,使腺体排泄物排空。

2.消炎止痛法

对于肛门腺已肿胀化脓的动物,可先排空腺体内的脓汁,再用生理盐水冲洗,而后肛门内注射抗生素,同时向肛门内推入红霉素软膏,两手指按住肛门轻揉,连续用药几天。

3.手术切除法

对于肛门腺炎反复发作、严重穿孔甚至形成创面的患病动物,建议手术摘除肛门腺。

五、预防

科学饲喂相对稳定的日粮,以防止犬腹泻及便秘,那些很容易收拾而不粘器具和地面的粪便是不正常的,可以引发此病,所以,日粮中添加适量的粗纤维,可以减少蛋白及骨头的含量。日常保健:每次犬洗澡时,犬主人可用手由下向上捏住犬的肛门两侧四点八点位置,如果感到肿胀就用力将其中的分泌物挤出,每日至少清理 1 次,可防止此病的严重发作。

第九章彩图

CHAPTER 10

第十章　营养代谢病

随着医疗保健水平的提高，在犬猫恶性传染性疾病发生逐渐减少的同时，因食物中某种营养物质缺乏、过剩、比例不当，或者因为机体的吸收和利用障碍引起的营养与代谢性疾病的危害日益明显。碳水化合物、脂肪、蛋白质、矿物质、维生素等是犬猫的基本营养物质，也是营养代谢性疾病中主要的相关因素，其影响涉及内科、外科、产科疾病等领域。在这些相关因素中，营养物质的缺乏在某些情况下仍然是引起该类疾病发生的主要原因。但随着生活水平的提高和宠物食品的普及，碳水化合物、脂肪和蛋白质等基本营养物质的缺乏，在一般情况下已经不是主要致病因素，相反营养物质的过剩或比例不当引起的危害，开始成为临床上的重要问题。因此，在本章中将选择性讨论一些常见的营养代谢病。

第一节　营养代谢病概述

一、概念

营养代谢病是指营养性疾病和代谢紊乱性疾病的总称，前者是指动物机体所需的某些营养物质绝对和相对缺乏或过多所致的疾病；后者是指因遗传因素、内分泌紊乱或其他因素所引起的机体内的一个或多个代谢过程异常，导致机体内环境紊乱而发生的疾病。

在畜牧业集约化程度不断提高的过程中，动物的生产性能和繁殖性能不断提高，继而机体的代谢速率不断提高，往往使动物处于“生产应激”状态，这就使畜禽营养代谢病更易于发生，并有与日俱增之势。随着人们生活水平的提高，宠物犬猫的饲养人数也逐年增多，由于人们往往缺乏一定的专业知识，在宠物的饲养和管理上经验不足，容易使它们患上营养代谢病，给饲养者的精神和经济上带来不小的损失。

二、营养代谢病的病因

营养代谢病病因错综复杂，种类繁多，症状各异，主要有以下几点：

(1)营养物质摄入不足或日粮中缺乏某种营养物质，是宠物营养代谢病最常见的一种病因。

(2)某些营养物质摄入过多，也是宠物营养代谢病的常见病因之一。

(3)继发于某些使消化、吸收和代谢功能发生障碍的非传染性疾病或某些传染性疾病，当宠物犬猫发生胃肠炎、肝脏疾病、胰腺疾病、肾肝疾病时，可分别影响消化、吸收、排泄和代谢功能，继而发生某些营养代谢病。例如宠物犬发生慢性胃肠炎，时间过长会影响宠物犬对营养物质的消化和吸收，并引起某些营养物质缺乏症。又如某些慢性肝脏疾病，尤其是胆汁排入肠腔中数量减少，继而影响维生素 K 在肠道的吸收，可引起获得性维生素 K 缺乏症所致的出血性疾病。

(4)不合理地应用饲料添加剂或日粮配制不合理，使其中存在某些抗营养因子，也是导致营养代谢病的常见原因。例如宠物犬猫饲料中含有适量的脂肪有利于钙的吸收，但是饲料中如含有过多的脂肪则不利于犬猫对钙的吸收，这是因为过多的脂肪酸可在肠道中与钙结合成为不溶性的钙皂，动物正常分泌胆汁酸的量无法使其充分溶解和吸收，从而导致动物容易发生钙缺乏症。

(5)由于某些遗传因子的作用引起的。

三、营养代谢病的防治

宠物营养代谢性疾病一般有病程时间长、发病率高(特别是处于发育、妊娠、泌乳阶段)、临床症状多样化、具有某一特征性器官的病理变化等特点。要有效地防治宠物营养代谢病，宜从以下几个方面着手：

1. 注意观察，及早防治

宠物营养代谢性疾病发生缓慢，病程较长，且不容易发觉，有的甚至造成预后不良，这就要求我们在饲养宠物的时候注意细心观察，对宠物的基本情况如平均日采食量、排尿排粪情况、精神状态、体重、体温、心率、呼吸频率、体表感觉等有一个较为全面的了解，定期做好记录，这样有利于及早发现宠物的疾病，并且进行相应的治疗。宠物犬猫发生疾病的主要表现有：精神沉郁不愿活动，嗜睡呆卧，不听主人使唤，食欲不振，面红耳烫，鼻部干热，打喷嚏，排便次数增多等。

2. 平衡营养，科学饲喂

随着生活水平的提高，宠物犬猫的“地位”也逐步提高，在饲养宠物犬猫时要作到“适可而止”，掌握其饮食规律，做到定时、定点、定量的原则。

3. 综合防疫，对症治疗

宠物出生以后，终生健康不生病是不可能的，但可以采用合适的预防措施，尽量使其少患病，主要有传染病、寄生虫病、营养代谢病等。因此，饲养时一要施行严格的卫生制度，消除致病微生物，经常对宠物的饮食器皿、休息场所、排泄地点和调教玩具等定期彻底消毒；二要做好防疫工作，按规范的免疫流程安排定期接种疫苗。

第二节　糖、脂肪及蛋白质代谢障碍性疾病的诊治

一、犬猫肥胖症

犬、猫肥胖症(obesity)是由于能量摄入和消耗之间平衡失调，导致脂肪组织过度沉积所

致。动物体重高出标准体重的15%时即认为发生肥胖症。资料显示,目前犬肥胖症发生概率在24%~44%,猫肥胖症发病概率约为20%。

肥胖可引起宠物多种器官的功能障碍,导致犬猫各种疾病的发病率增高,比如关节炎、椎间盘突出症、糖尿病、脂肪肝、心血管疾病、呼吸性疾病以及麻醉、手术风险等。此外,Scarlett 等学者发现中年肥胖猫比中年瘦猫的死亡率增加了3倍,严重威胁猫的健康,减少其寿命。

(一)病因

1.种类、年龄和性别

对于犬而言,这是一种最常见的营养代谢紊乱症,且年龄越大,发病率越高。这可能是由于年龄大的犬基础代谢速率降低的缘故,一般来说,犬猫超过十岁以上的肥胖症发病概率在60%左右,并且雌性的犬猫高于雄性的犬猫。犬类,如苏格兰㹴犬、比格犬、拉布拉多犬、圣伯纳犬等(表10-1)(图10-1)均为易肥胖犬种;猫类,如短毛猫等都是很容易肥胖的种类(图10-2)。

表10-1 易患肥胖症犬的品种

小型犬	中型犬	大型犬	巨型犬
凯恩犬长毛腊肠犬	比格犬	拉布拉多猎犬	伯恩山犬
骑士查理士王小猎犬	可卡犬	柯利犬	纽芬兰犬
苏格兰㹴犬	巴赛特猎犬	金毛猎犬	圣伯纳犬
		罗威纳犬	

引自:From Edney & Smith,1986

图10-1 犬肥胖症:患犬肥胖并伴有甲状腺异常,身体呈圆形,胸部、腹部全部触地

图10-2 猫肥胖症:病猫肥胖,身体呈圆形

2.遗传因素

父母较肥胖的犬猫,其有关肥胖的基因会通过有性生殖遗传给下一代,子女往往也容易肥胖。

3.公猫犬去势、母猫犬绝育

某些疾病,例如糖尿病、下丘脑损害、甲状腺机能减退、肾上腺皮质机能亢进等,能够引起猫犬食欲大增和贪睡，从而导致其体重逐步上升而变胖。

4. 生活方式

在饲养上过于宠爱宠物，给予其热量高的食物，如奶油蛋糕等，并且在饲喂时间和饲喂量上无限制；犬猫日活动量很少，主人没有养成遛狗或逗猫习惯，让宠物长期处于贪吃嗜睡，习暖怕冷的状态，均易引起肥胖症。

(二)临床症状

如果不清楚动物的标准体重，则肋骨上脂肪层的厚度便是判定肥胖症的一个参考指征。肋骨通常容易触摸但看不到，肥胖症患畜则不易触摸到肋骨。此外，患畜腹部下垂、步态蹒跚、行动迟缓，易于发生关节疾病或运动障碍，呼吸困难且容易疲劳，易发生脂肪肝，生殖能力降低，难产等症状，麻醉和外科手术风险升高。

(三)防治

肥胖症的防治应以预防为重点。在治疗方面可以采取以下措施：

(1)减食疗法。主人应该限定时间、限定数量饲喂犬猫。一是减少给食量和次数，可以每天饲喂平时量的 60%～70%，分 3 次或 4 次定时定量饲喂。二是饲喂高纤维、低能量全价减肥处方食品，以每周减少体重的 1%～2%为好。一旦体重达到标准体重，确定并供给必要的维持食量。

(2)运动疗法。每天进行有规律的中等强度的运动 20～30 min。

(3)治疗引起肥胖的原发病。

(4)药物减肥。可以使用缩胆囊素等食欲抑制剂、催吐剂、淀粉酶阻断剂等消化吸收抑制剂，使用甲状腺素、生长激素等提高代谢率。

(5)预防。防止发育期的动物肥胖是预防成年动物肥胖的最有效方法。重视防止减重成功后再复发肥胖。

二、犬猫糖尿病

糖尿病(diabetes mellitus)是由于神经内分泌紊乱引起胰岛素相对或绝对缺乏，致使糖代谢紊乱的一种内分泌疾病。临床上以多尿、烦渴、体重减轻、高血糖及糖尿为特征，且由于各种并发症使病情复杂而导致治疗困难。糖尿病是犬、猫常见的内分泌疾病，母犬发病多于公犬，小型犬居多，主要见于 5 岁以上的犬。公猫发病多于母猫，9 岁以后多发。

(一)病因

1. 自发性糖尿病

自发性糖尿病分为Ⅰ型(胰岛素依赖型)和Ⅱ型(非胰岛素依赖型)。前者指由于胰岛β-细胞破坏或功能缺失导致胰岛素绝对缺乏所引起的糖尿病；后者是指以胰岛素抵抗为主并伴有胰岛素分泌不足，或胰岛素分泌不足为主，伴有或不伴有胰岛素抵抗所引起的糖尿病。犬、猫的糖尿病以Ⅰ型居多，且在 8～10 岁多发。近年来，有人提出某些病毒，特别是犬细小病毒与幼龄犬糖尿病的发生有关。70%以上的糖尿病病犬存在抗胰岛素或抗细胞浆抗原的自身抗体。

2. 继发性糖尿病

继发性糖尿病见于急性和复发性腺泡坏死性胰腺炎所致的胰岛细胞破坏和淀粉样变。

另外镇静药、麻醉剂、噻嗪类及苯妥英钠等药物也可影响胰岛素的释放而引起本病。

(二)临床症状

临床上将糖尿病分为非酮症酸中毒性糖尿病、酮症酸中毒性糖尿病及非酮症高渗性糖尿病昏迷3种类型。

1.非酮症酸中毒性糖尿病

发生非酮症酸中毒性糖尿病时，患病动物体温多半不高，精神状态正常；血糖升高的渗透性利尿作用引起多尿、轻度脱水、烦渴，饮水量明显增多，体内能源缺乏引起患病动物食欲亢进，但体重减轻，遂形成典型的"三多一少"(多尿、多饮、多食和消瘦)症候群；有的可触及肿大的肝脏；有的患病母畜因伴有细菌性膀胱炎而呈现排尿困难和尿频的症状；有半数的病畜患有白内障。即使空腹状态，血样亦呈明显的高脂血，眼底镜检查视网膜血管内的血液呈奶油状，故称为视网膜脂血。血清甘油三酯和胆固醇含量升高，有时可引起皮肤斑疹样黄瘤和腱黄瘤。黄瘤呈疹、脓疱和结节样，周围为淡红色红斑，多发生于腹部下方和腿部。

2.酮症酸中毒性糖尿病

酮症酸中毒性糖尿病症状为：食欲减退或废绝，精神沉郁，体温可能升高，中度乃至重度脱水，呕吐，腹泻，少尿或无尿，电解质平衡紊乱。空腹性高血糖，血糖含量可高达11.2 mmol/L以上，可发生酮血症、代谢性酸中毒、库斯茂尔氏呼吸。

3.非酮症高渗性糖尿病昏迷

非酮症高渗性糖尿病昏迷以严重高血糖而无明显酮症酸中毒、血浆渗透压升高、脱水和意识障碍为特征。血糖可超过33.6 mmol/L，血清钠含量低于145 mmol/L，血浆渗透压＞340 mOsm/L，血糖每增加5.6 mmol/L，血浆渗透压升高5.6 mOsm/L，血浆渗透压过高可使病畜突然发生昏睡和昏迷。

(三)诊断

根据典型的"三多一少"症候群可初步诊断为糖尿病。确定诊断应依据血糖和尿糖检测结果。重复检测的空腹血糖含量超过7.84 mmol/L，空腹或食后血糖含量超过1.2 mmol/L，可诊断为糖尿病。必要时可进行葡萄糖耐量试验和脂代谢检查。由于糖尿病可继发肝脏病变，所以可能在X线检查时发现肝肿大。

(四)治疗

目前人和动物的糖尿病尚不能根治，因为其病因和发病机制尚未完全清楚。

本病的治疗原则是降低血糖，纠正水、电解质及酸碱平衡紊乱，预防和延缓并发症，强调早期治疗、长期治疗、综合治疗。

1.口服降血糖药物

乙酰苯磺酰环己脲、氯黄丙脲、甲苯黄丁脲、优降糖等磺脲类药物，具有促进内源性胰岛素分泌和增加胰岛素受体数量的作用。在人医临床，这类药物的使用通常限于血糖不超过11.2 mmol/L，且不伴有酮血症的病人。此外，双胍类及葡萄糖苷酶抑制剂等也可应用。

2.胰岛素疗法

非酮症酸中毒性糖尿病，早晨饲喂前30 min皮下注射中效胰岛素，剂量为每千克体重0.5 IU，每日1次。为使夜间血糖含量也能维持在5.6～8.4 mmol/L，可在原剂量的基础上增加1～2 IU。对伴有酮症酸中毒和非酮症性高渗性糖尿病昏迷的病例，可选用结晶胰岛素或半慢胰岛素锌悬液，采用连续小剂量静脉注射或肌肉注射。静脉注射剂量为每千克体重0.1 IU，其后剂量为每千克体重每小时0.1 IU，稀释在林格氏液中缓慢滴注。肌肉注射的剂量为：体重在10 kg以上，每千克体重0.25 IU；10 kg以下2 IU；3 kg以下1 IU，其后每小时注射1次。血糖含量降至14～8.4 mmol/L时，为防止稀释性低血钠，以后每6～8 h肌肉注射胰岛素，剂量为每千克体重0.5 IU。当动物血糖含量稳定在5.6～8.4 mmol/L和清晨血糖不超过11.2mmol/L时，每天肌肉注射中效胰岛素1次。

3.体液疗法

对酮症酸中毒性和高渗性糖尿病昏迷的病例，应立即实施液体疗法。静脉注射液体的量一般不超过90 mL/kg体重，可先按20～30 mL/kg注入，然后缓慢注射。常用液体有乳酸林格氏液、0.45%氯化钠液和5%葡萄糖溶液。为纠正低血钾，可选用磷酸钾或氯化钾，但磷酸钾优于氯化钾，这是因为胰岛素在促进葡萄糖和钾进入细胞内的同时，亦可促进磷进入细胞内而使血磷降低，故给予磷酸钾可同时纠正低血钾和低血磷。

4.饮食疗法

应该说饮食疗法是糖尿病治疗的基础，要改善饲料配方，控制总热量的摄取，控制碳水化合物的摄入，适当多喂肉类和其他富含蛋白质的饲料。

三、犬猫高脂血症

高脂血症(hyperlipidemia)是指血液中脂类浓度过高，犬猫血液中的脂类主要有四类：游离脂肪酸、磷脂、胆固醇和甘油三酯，血液中的脂类和蛋白质结合形成脂蛋白，由于密度不同，脂蛋白也分为四类：乳微粒(CM，富含外源性甘油三酯)、极低密度脂蛋白(VLDL，富含内源性甘油三酯)、低密度脂蛋白(LDL，富含胆固醇和甘油三酯)和高密度脂蛋白(HDL，富含胆固醇及磷脂)。血液中的脂类特别是胆固醇或甘油三酯及脂蛋白的浓度升高，就是高脂血症，常表现为血清白染。

(一)病因

高脂血症在进食后很常见，但是应当在12 h内消失。这种类型的脂血症为一过性高脂血症，通常被认为是正常的。

原发性高脂血症见于自发性高脂蛋白血症(多见于小型雪纳瑞)、自发性高乳糜微粒血症(见于犬和猫)、自发性脂蛋白酯酶缺乏症(见于猫)和自发性高胆固醇血症。

继发性高脂血症多由内分泌和代谢性疾病引起，常见于糖尿病、甲状腺功能降低、肾上腺皮质机能亢进、胰腺炎、胆汁阻塞、肝功能降低、肾病综合征等。另外，糖皮质素和醋酸甲地孕酮(见于猫)也能诱导高脂血症。

(二)症状

继发性高脂血症的临床症状主要是原发病的表现，包括腹痛、呕吐和腹泻，食欲降低以及脂质异位(器官)沉积。偶尔可发生惊厥。胆固醇升高可导致动脉粥样硬化(动脉硬化)，进而影响心脏和血压。

自发性高脂蛋白血症，多发生在中老年小型雪纳瑞犬，其他纯种和杂种犬也有发生，病因不清，可能与家族遗传有关。临床表现腹部疼痛、腹泻和骚动不安。

自发性高乳糜微粒血症发生于猫和犬，病因不明，可能是脂蛋白酶活性低，不能分解甘油三酯和从血清中清除乳糜微粒，猫可能还与常染色体隐性遗传有关。猫患此症多数无临床症状，如果出现症状多为外周神经病，表现为皮肤黄瘤、脂血性视网膜炎和眼色素层炎。腹部触诊可摸到内脏器官上有脂肪瘤。

自发性高胆固醇血症，多发生在多伯曼和罗得维尔犬。病因不清，临床上除角膜脂肪营养不良外，无其他症状。

(三)诊断

继发性高脂血症实验室检验方法为：犬饥饿 12 h 后，取血浆或血清观察，出现肉眼可见变化，如血清乳白色，即为血脂异常。血清甘油三酯大于 2.2 mmol/L，一般就会出现肉眼可见的变化。饥饿状态下成年犬血清胆固醇和甘油三酯分别超过 7.8 mmol/L 和 1.65 mmol/L，成年猫分别超过 5.2 mmol/L 和 1.1 mmol/L，即可诊断为高脂血症。高脂血症血清在冰箱放置过夜，如果是乳糜颗粒，在血清顶部形成一层奶油样层；如果是 VLDL，血清仍呈乳白色。单纯胆固醇血症，血清无肉眼可见异常变化，但仍是高脂血症；高甘油三酯血症时，除甘油三酯浓度升高外，血清胆红素、总蛋白、白蛋白、钙、磷和血糖浓度出现假性升高，血清钠、钾、淀粉酶浓度出现假性降低，同时还可能发生溶血，影响多项生化指标检验值。

自发性高脂蛋白血症，血清呈乳白色，血脂变化特点为高甘油三酯血症，轻度高胆固醇血症，血清 CM、VLDL 和 LDL 浓度升高。

自发性高乳糜微粒血症，血清呈乳白色，血脂变化特点为高甘油三酯血症，血清 VLDL 轻度增多，胆固醇正常或轻微增多。

自发性高胆固醇血症，血脂变化特点为高胆固醇血症，血清 LDL 浓度升高。

(四)治疗

继发性高胆固醇血症首先治疗原发病。同时适当配合饲喂低脂肪高纤维性食物。原发性自发性高脂血症主要饲喂低脂肪和高纤维性食物或减肥处方食品。高 CM 血症应限制形成 CM 的长链脂肪酸，可以给予碳原子数在 6～10 的饱和脂肪酸组成的中链脂肪酸，使其不形成 CM，并且代谢良好。高 VLDL 血症要限制饲喂糖类。高 LDL 血症需要限制胆固醇的摄取。

经 1～2 个月食物疗法不见效或血清甘油三酯仍高于 5.5 mmol/L、胆固醇高于 20.8 mmol/L 时，可试用降血脂药物。常用降血脂药有烟酸，犬猫 0.2～0.6 mg/kg，口服，每日 3 次；降胆灵，口服 0.5～4 g/次，每日 3～4 次。中药血脂康对治疗混合性高脂血症较好。犬口服或静脉注射巯基丙酰甘氨酸每天 100～200 mg，连用 2 周。降血脂药物副作用较多，应用时应注意。

四、母犬和幼犬低血糖症

低血糖症(hypoglycemia)在母犬是产仔前后应激和多胎胎儿对营养的过大需求或产后大量哺乳发生的血糖降低性代谢病；幼犬低血糖症是指出生后至 3 月龄血糖含量过低。母犬低血糖症的主要临床特征是出现类似于产后缺钙的神经症状。幼犬低血糖症的主要表现是虚弱和不愿运动。

(一)病因

母犬发生低血糖症的主要原因是妊娠后期和哺乳期严重营养不良，再加上怀仔多、产前产后营养需要和泌乳过多所致。幼犬低血糖症病因是饥饿或因母犬产仔多、奶少或质量差，及仔犬受凉体温低于 34.4℃时体内消化吸收功能停止或败血症等所致。

(二)症状

母犬发生低血糖症表现为肌肉痉挛,步态强拘,反射功能亢进,全身呈间歇性或强直性抽搐。体温升高达 41～42℃,呼吸和脉搏加速。尿酮体检验阳性,严重者尿有铜臭味,这是低血糖时机体动员大量的体内脂肪代谢使酮体生成增加的结果。产仔过程发生低血糖时容易见到阵缩无力。

幼犬低血糖症初期精神不振,虚弱,不愿活动,步态不稳,嘶叫,心跳缓慢呼吸窘迫;后期出现搐搦,很快陷入昏迷状态而死亡。

实验室检验:母犬或幼犬低血糖症时,血糖为 1.68～2.24 mmol/L 或更低,母犬血液酮体 30 mg/dL 以上。

(三)治疗

母犬每千克体重用 20%的葡萄糖溶液 1.5 mL,静脉注射;也可每千克体重口服葡萄糖 250 mg;同时,也可配合应用醋酸泼尼松,每千克体重 0.2 mg,皮下注射或口服。以后每 3～4 h 静脉注射或口服葡萄糖,至临床症状消失为止。如果怀疑是产后缺钙搐搦症,也可在静脉注射葡萄糖的同时,加入 1%葡萄糖酸钙 10～30 mL。

(四)预防

在预防上,平时要加强饲养管理,分娩前后注意营养供给,可以适量多饲喂些碳水化合物,或产前 20 d 和哺乳期饲喂幼犬商品粮。

幼犬低血糖症,首先要注意保持体温正常,然后静脉注射 10%葡萄糖,每千克体重 10 mL,同时让其多吃母乳或替代性奶制品。

五、营养性衰竭症

营养衰竭症(dietetic exhaustion)是由于饲料缺乏、营养物质摄入不足,或由于某种原因使机体能量消耗过多、最终导致体质严重亏损和消瘦的一种营养不良综合征。

(一)病因

主要是由于机体营养供给与消耗之间呈现负平衡而造成的,下列因素均可引起动物发病:犬猫长期处于饥饿状态;老龄犬猫由于牙齿疾病、消化机能减退和吸收不良而引起营养吸收减少;母畜由于快速重配、双胎及多胎妊娠和过度泌乳等引起营养消耗的增加;某些寄生虫病(如肝片吸虫病、血吸虫病、锥虫病等)、普通病(如子宫炎、慢性胃肠炎、肝脓肿等)以及肿瘤等引起营养吸收减少和消耗增加。

(二)临床症状

进行性消瘦是本病的主要特征(图 10-3,图 10-4,图 10-5)。犬猫被毛粗乱、无光泽、毛发逆立和脱落,皮肤干燥多屑、弹性下降,骨骼显露,肋骨可数,步态蹒跚,起立艰难甚至卧地不起。黏膜呈淡红、苍白或灰暗等不同变化,有时呈黄染。通常有一定的食欲和饮欲,直至死前几天还能卧地采食,但食欲显著减少,咀嚼无力。运动时呼吸增数。后期由于心肌营养不良和右心衰竭,常有气促和四肢浮肿。体温有时偏低。

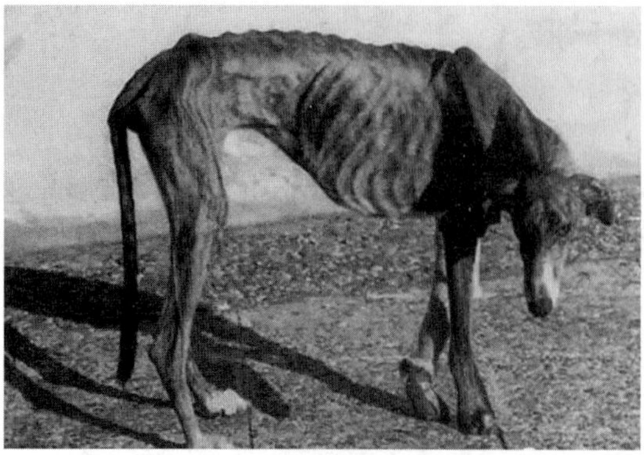

图 10-3 灵缇犬

骨瘦如柴，被毛粗乱，肋骨可见

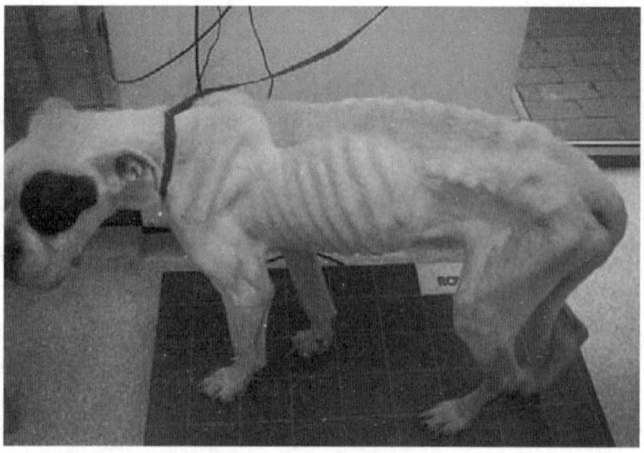

图 10-4 斗牛犬

骨瘦如柴，被毛粗乱，肋骨可见

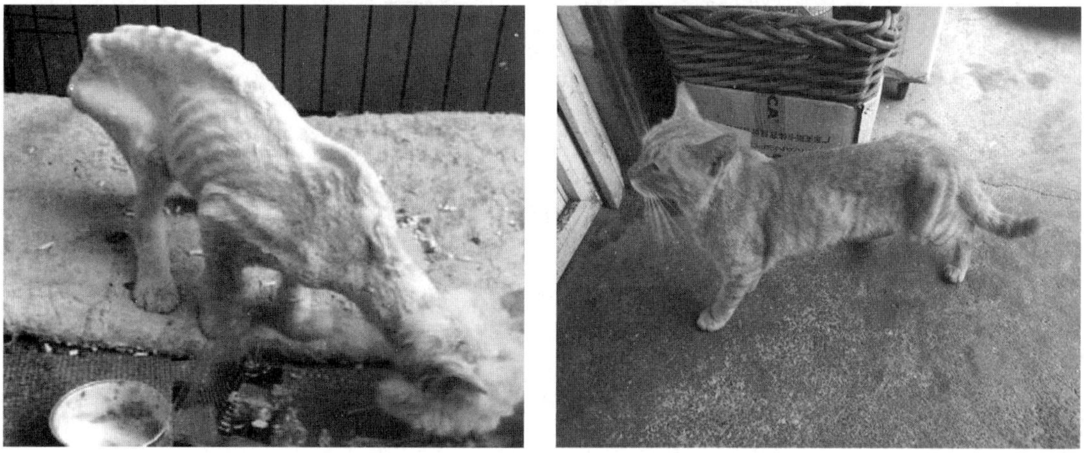

图 10-5 流浪猫

消瘦，被毛凌乱，步态蹒跚，肋骨清晰可见

（三）诊断

根据极度消瘦的症状，不难做出诊断。但应注意对原发病因进行诊断，如某些传染病、寄生虫病等。

（四）治疗

早期应从改善饲养管理、增加营养着手，同时注意治疗原发病。病程稍晚的病例，单靠药物治疗收效不大。在改善饲料营养的同时，可配合使用葡萄糖溶液、维生素 C 和氯化钙等静脉注射，必要时可用复方氨基酸、三磷酸腺苷（ATP）等，也可视情况用强心药物。对有细菌或寄生虫感染的，应使用抗感染药物或驱虫药物。

（五）预防

加强饲养管理，保证动物的营养需要；配种期、孕期、泌乳期合理补充高能日粮；定期驱虫，及时治疗原发病。

第三节　与水、电解质的代谢紊乱和酸碱平衡失调相关疾病

一、水代谢紊乱

动物体内的水分受到严格的调控，但当水代谢失调时，可以出现脱水或水过多症，发生严重的临床症状甚至死亡。犬猫最常见的水代谢紊乱疾病是脱水症和水过多症。

(一)脱水症(dehydration)

1.病因

犬猫脱水症最常见的原因是腹泻、呕吐、多尿、出汗和皮肤大面积损伤。在水分丢失的同时，常伴有电解质的丢失和体液 pH 的改变。另外，在某段消化道异常时，如胃炎、肠梗阻、肠套叠等，梗阻肠段前方的肠内容物渗透压急剧增高，大量体液积聚到胃内或梗阻肠段前方的肠内容物中，可造成机体有效循环体液量的急剧减少，造成脱水。

脱水程度的判断标准：临床上主要从精神状态、皮肤弹性、毛细血管再充盈时间、黏膜干燥及眼窝下陷程度等来判断脱水量。

2.临床症状

犬猫脱水症常见症状为：食欲丧失并发生便秘，体重减轻，黏膜变干，皮肤失去弹性，面部消瘦及眼球下陷；随着脱水的发展，患病动物出现体温升高和心率加快症状，且烦躁不安，到处寻找饮水；脱水继续发展，则发生共济失调，卧地不起症状，死前陷入昏迷状态。

在脱水期间，动物优先保证血液容量和成分的恒定，早期脱水，机体将临近组织的水分运送到血浆中以保持血容量，这会使皮肤失去弹性和灵活性，标志着机体中等程度的脱水；之后，组织中水分停止向血浆中运送，血浆容积降低，血液变得越来越浓稠，随着脱水的加剧，血液中细胞和其他有形成分的比例持续升高。脱水的程度更容易用血红蛋白浓度和红细胞比容值的升高来判定，其他血液中浓度的变化有血中尿素浓度的升高，这是由于肾脏滤过率降低所致，血清钠及血清渗透压升高可能是由同样的原因造成。在脱水的最终阶段，血容量极度降低，血液黏稠度增加，导致循环衰竭，出现尿毒症和代谢性酸中毒，这可能是由于肾脏失去调节酸碱平衡的功能所致。

(1)与腹泻相关的脱水：腹泻是幼龄犬猫常见的疾病，也是引起其死亡的重要原因之一，由许多传染性因素包括细菌和病毒引起，而饲养管理不当和营养不良是疾病的诱因。多数腹泻病例的直接死因不是感染本身或肠道的病变，而是腹泻导致的脱水，通过补液可以避免死亡。典型的由腹泻引起的脱水表现为体液丢失，血液容积减少和血液浓缩，这种类型的腹泻称为高渗型腹泻，其特征为血液浓缩和血浆渗透压升高。但在一定的条件下也会发生等渗或低渗型腹泻，组织的异化作用在各种腹泻的病理变化过程中起着重要的作用。中度脱水，犬猫体重减轻 5%，而重度脱水则减轻 10%，后者会导致严重的代谢紊乱，当体重减轻 25%时，犬猫多半会死亡。治疗除了要用抗生素消除肠道感染外，还应通过口服或补液疗法补充失去的水分。

(2)消化紊乱引起的脱水：急性消化不良可导致腹泻和脱水。犬猫可以分泌大量的唾液，这些水必须经消化道重吸收进行再循环，才能保证机体不脱水，但任何阻碍消化道内容物流动的因素，如肠套叠、肠梗阻等，都会对水代谢产生严重的影响。

(二)水过多症(over hydration)

水过多症，又称为水中毒，多见于缺水一段时间后饮水过多的犬猫，特别在炎热干燥的气候条件下，当供给新鲜饮水时，它们会无节制地饮水以致饮水超量，或高温季节饮用大量缺盐水，均可引起发病。本病以幼龄犬猫发病居多。

1.病因

Bianca 等通过试验观察过量饮水导致水过多症的发病机制为：第一阶段，在缺水后会发生饮水过度，生理术语为超越度，这时脱水反而加剧了，血液浓度突然增加，可能是由于动物在饮到水时因兴奋而导致的应激反应，同时伴随有心肌颤动和心率过快；第二阶段，出现真正的水过多症，此时红细胞破裂，出现血红蛋白尿，可排出淡红色之后渐变深为酱油色的血红蛋白尿。有学者认为这是由于脱水导致红细胞脆性增加所致。低渗的水突然进入消化道，使红细胞随血液循环到达内脏脉管系统的血管内时发生破裂。

2.症状

水过多症的临床症状为：头颈肿胀、共济失调、被毛竖立、眼睑水肿、呼吸困难、肺部有啰音，从口鼻流出淡红色泡沫状液体，常回头顾腹，频排暗红色尿液，排水样便。仔犬仔猫还可发生心律不齐，精神沉郁甚至昏迷，如耐过通常能完全恢复。

3.防治

首选的治疗方案是用5%的氯化钠溶液静脉注射。为减轻脑水肿和肺水肿，可静脉注射20%甘露醇和山梨醇。

4.预防

幼龄犬猫久渴后应少量多次饮水，防止暴饮，并在水中加入少量盐分，炎热季节为犬猫提供充足饮水。

二、与电解质代谢紊乱相关疾病

血浆中主要的阳离子是Na^+、K^+、Ca^{2+}、Mg^{2+}，对维持细胞外液的渗透压、体液的分布和转移起着决定性的作用；细胞外液中主要阴离子以Cl^-和HCO_3^-为主，二者除保持体液的张力外，对维持酸碱平衡有重要作用。通常，体液中阴离子总数与阳离子总数相等，并保持电中性。当出现任何一个电解质数量改变时，将导致不同的机体损害，即出现电解质紊乱。最常见的病因是钠代谢紊乱、钾代谢紊乱、钙代谢紊乱、镁代谢紊乱等。

(一)低钾血症(hypokalemia)

犬猫因摄入钾不足或从汗、尿、粪中丢失钾过多而引起的，以血清钾浓度下降、全身骨骼肌松弛、异嗜、生产性能降低为特征的疾病，称为低钾血症。一般指血钾浓度低于2.5 mmol/L，并有细胞内钾的丢失。

原发性低钾血症很少，主要继发于生产瘫痪、肠梗阻、长时间停食或因大量出汗、呕吐、腹泻等情况下的单纯补液之后。

1. 病因

(1)钾摄入不足:植物性饲料中钾含量丰富,因此草食动物一般不发生钾缺乏。犬猫如果饲喂全价日粮,一般也不会缺钾。犬猫可从日粮中摄入钾 40～100 mmol/d。当发生吞咽障碍、长期禁食或摄入钾 15～20 mmol/d 时,经 4～7 d 尿排钾开始减少,可发生低钾血症。

(2)钾丢失过多:有肾外丢失和肾性丢失 2 种。

①肾外丢失:是指钾从汗腺及胃肠道丢失。见于严重的呕吐、腹泻、高位肠梗阻、长期胃肠引流,或剧烈运动等引起大量出汗,导致体内失水过多,补钠的同时未补钾,造成血液中钾浓度下降。

②肾性丢失:是指钾经肾脏丢失。见于醛固酮分泌增加(如慢性心力衰竭、肝硬化、腹水等),肾上腺皮质激素分泌增多(如应激),长期应用糖皮质激素、利尿剂、渗透性利尿剂(如高渗葡萄糖溶液),碱中毒和某些肾脏疾病(如急性肾小管坏死的恢复期)等。

(3)分布异常:钾从细胞外转移到细胞内,导致细胞内、外钾浓度发生变化时,就会出现血钾浓度降低,如犬猫应用大量的胰岛素或葡萄糖,促使细胞内糖原合成加强,可引起血钾降低。奶牛发生生产瘫痪时,由于血钙浓度下降,长时间躺卧,造成局部肌肉缺血性损伤,增加了肌胞膜的通透性,肌细胞内钾离子流向细胞外。此外,发生碱中毒时,细胞内的氢离子进入细胞外,同时伴有钾、钠离子进入细胞内以维持电荷平衡,也可引起血钾降低。当心力衰竭或大量输入不含钾的液体时,亦可导致细胞外液稀释,从而使血清钾浓度降低。

2. 临床症状

犬猫表现精神倦怠、反应迟钝、嗜睡、有时昏迷,食欲不振、肠蠕动减弱,有时发生便秘、腹胀或麻痹性肠梗阻,四肢无力,腱反射减弱或消失。出现代谢性碱中毒,心力衰竭,心律紊乱等症状,心电图表现为 T 波低平、双相、倒置,S-T 段下移。低钾血症还可引起低血压、肌无力、肌麻痹和肌痛。尿量增多,肾功能衰竭。严重者出现心室颤动及呼吸肌麻痹。

3. 诊断

根据病史,结合临床症状、实验室和心电图检查进行综合分析。如血清钾浓度低于 2.5 mmol/L,可诊断为低钾血症,并伴有代谢性碱中毒和血浆二氧化碳结合力增高。

4. 治疗

治疗原发病,补充钾盐。

缺钾量(mmol)=(正常血钾值－患病动物血钾值)×体重(kg)×60%

(注:60%为体液占动物体重的百分比)。

只要动物可以喝水,可在饮水中添加 1%～2%的氯化钾,口服钾的毒性很小。亦可静脉注射氯化钾,但静脉注射高钾溶液必须慎重,注射钾离子的最快速度一般不超过每小时 0.5 mmol/kg,注射钾离子溶液的浓度一般宜用 20 mmol/L,绝忌超过 40 mmol/L(Clarenc M fraser 等,1991)。就临床工作者而言,一般主张缓慢静注补钾,以防心脏骤停。细胞内缺钾的恢复较缓慢,对暂时无法制止大量钾丢失的病例,需每天口服氯化钾。

(二)高钾血症(hyperkalemia)

高钾血症指血清钾浓度高于 6 mmol/L,同时呈现高钾血症相关的临床症状。主要是由于钾摄入过多、输入含钾溶液过快或含钾溶液浓度过高、肾脏排钾减少及钾的跨细胞分布异常等原因所致。

1.临床症状

犬高钾血症对心肌有抑制作用,可使心脏扩张、心音低弱、心律紊乱甚至发生心室纤颤,心脏停于舒张期。轻度高钾血症使神经肌肉系统兴奋性升高,重度高钾血症则使兴奋性降低。主要表现肌肉无力、四肢末梢冰凉、少尿或无尿、呕吐等。心电图检查T波高而尖,基底狭窄,P-R间期延长,Q-T间隔缩短,QRS波群增宽,P波电压降低、时限延长甚至消失。

2.诊断

本病无明显特征,一般根据实验室和心电图检查,结合心音的变化进行综合分析。血钾浓度高于6 mmol/L,常伴有代谢性酸中毒,二氧化碳结合力降低。

3.治疗

治疗方法通常包括纠正病因、停用含钾食物或药物、治疗脱水和酸中毒等。犬静脉注射5%碳酸氢钠溶液可纠正酸中毒。静脉注射25%葡萄糖溶液200 mL,加胰岛素10~20 IU,可促使钾由细胞外转入细胞内。对肾功能衰竭所致高血钾,可采用腹膜透疗法。为解除高钾对心肌的损害,可反复静脉注射10%葡萄糖酸钙溶液或氯化钙溶液5~10 mL,因钙可拮抗钾对心肌的作用。

(三)低钠血症(hyponatremia)

犬猫因钠摄入不足或排泄过多,造成血钠浓度下降,一般情况下当血清钠离子浓度低于135 mmol/L,尿比重值低于1.010时即可定为低钠血症(Clarence等,1991)。临床上以异嗜、脱水、肌肉虚弱、精神沉郁等为特征,但多数情况下无明显的表现。犬猫低钠血症发生率远高于低钾血症,根据病因可分为缺钠性低钠血症和稀释性低钠血症。

1.症状

病犬表现精神沉郁,体温有时升高,无口渴,常有呕吐,食欲减退,四肢无力,皮肤弹性降低,肌肉痉挛。严重者血压下降,出现休克、昏迷。

2.治疗

如为缺钠性低钠血症,除按脱水程度补充水分外,更重要的是补充钠盐。补钠量可用下式计算:

缺钠量(mmol)=(正常血钠值-患病动物血钠值)×体重(kg)×20%

(注:20%为细胞外液占体重的百分比。)

在纠正引起低钠血症病因的同时,应用0.9%生理盐水静脉注射,务必注意适量,一旦过量则容易引起充血性心力衰竭和高氯性代谢性酸中毒。

三、与酸碱平衡失调相关的疾病

酸碱平衡失调是指在病理条件下,由于酸碱平衡调节机制发生障碍,酸、碱超量负荷或严重不足,导致体液酸碱度的稳定性被破坏,又称为酸碱平衡紊乱或酸碱平衡失常。正常动脉血 pH 稳定在 7.35～7.45 之间。酸碱平衡失调的判断必须结合相关病史，从而了解诱发因素。

(一)代谢性酸中毒(metabolic acidosis)

血液中 HCO_3^- 或 TCO_2 浓度降低，BE(base excess，碱过剩)<0，pH 降低。发生中度代谢性酸中毒时，大多数动物 HCO_3^- 为 15～20 mmol/L，犬和猫为 12～17 mmol/L。发生严重代谢性酸中毒时，犬和猫<12 mmol/L。一般发生代谢性酸中毒时，立即发生呼吸代偿，24 h 内就能达到最大代偿。代偿旨在排出 CO_2，使 PCO_2 降低，HCO_3^- 和 H_2CO_3 比值和血液 pH 保持在正常范围，但实际上血液中 HCO_3^- 含量减少了。肾脏代偿可增加 H^+ 排出和 HCO_3^- 的重吸收，但代偿功能是有限的，若肾脏和肺脏功能发生障碍，则导致代谢性酸中毒进一步加重。

1.病因

(1)分泌性代谢性酸中毒(也称正常 AG 型代谢性酸中毒)：肠道阻塞或腹泻时排出的含有 HCO_3^- 的肠液和胰液、肾上腺皮质机能降低时排出的含有大量 HCO_3^- 的尿液、大面积烧伤时引起大量渗出的血浆，均可导致血液中 HCO_3^- 浓度降低，引起代谢性酸中毒。

(2)有机酸过多的代谢性酸中毒(亦称高 AG 型代谢性酸中毒)：当动物体内蓄积多量有机酸时，便和 $NaHCO_3$ 发生反应，导致血液中 HCO_3^- 浓度降低。体内产生的有机酸主要包括乳酸(休克和过食谷物)、酮体(酮血病和糖尿病)、尿酸(肾衰竭)和一些有机毒物及其代谢产物(水杨酸、乙二醇和聚乙醛等)。

2.治疗

治疗原则是积极治疗原发病，纠正和消除引起水、电解质平衡失调和酸中毒产生的原因，此外，临床上常用碳酸氢钠溶液或乳酸钠溶液来治疗酸中毒。

(二)代谢性碱中毒(metabolic alkalosis)

发生代谢性碱中毒时，血液中 HCO_3^- 或 TCO_2 浓度增加，BE>0，pH 升高。中度代谢性碱中毒时，大多数动物 HCO_3^- 为 30～35 mmol/L，犬和猫为 27～32 mmol/L；发生严重代谢性碱中毒时，大多数动物 HCO_3^- >35 mmol/L，犬和猫>32 mmol/L。发生代谢性碱中毒时，呼吸代偿需 1 d 才能开始，3～5 d 才能达最大代偿。代偿是通过减少呼吸数，使 CO_2 在体内潴留，PCO_2 升高，以维持 HCO_3^- 和 H_2CO_3 正常比值来实现的。但因机体需要氧，故减少呼吸数以实现代偿常多无效。

1.病因及发病机理

(1)代谢性碱中毒多为单胃动物胃液 HCl 丢失所致。在正常动物机体内 $NaCl+H_2CO_3 \rightarrow HCl+NaHCO_3$，生成的 HCl 由胃分泌进入肠道，然后在肠道的远端部分又被吸收；$NaHCO_3$ 潴留在机体内，以便维持机体酸碱平衡。当单胃动物呕吐，以及机能性不通(如迷走神经性消化不良、肾病和低钙血症)时，都能引起 HCl 丢失，发生代谢性碱中毒。发生代谢性碱中毒时，除 HCO_3^- 增加外，还发生低氯血症，AG 正常或稍增大。

(2)反酸尿的产生：在代谢性碱中毒的初期，通过肾脏的代偿作用排出过量的 HCO_3^- 和保留 H^+，使 HCO_3^- 和 H_2CO_3 比值仍保持在正常范围，但在代谢性碱中毒的严重阶段，肾脏难以代偿，反而出现了酸性尿。代谢性碱中毒出现酸性尿称为“反酸尿”。

反酸尿的产生必须具备 3 个条件：血容量减少、低氯血症和整体钾缺乏。在机体脱水时，肾脏为了保存体液和细胞外液的 Na^+，肾小管又把 Na^+ 重新吸收回来，由于血浆中 Cl^- 缺乏，Na^+ 便和 HCO_3^- 一起被重吸收。Na^+ 还能和肾小管分泌的 H^+ 或 K^+ 交换而被重新吸收回来，由于血浆中 K^+ 缺乏，被交换的 H^+ 便排入尿中。代谢性碱中毒初期，HCO_3^- 和 H^+ 都能被排入尿中，随着病情加重，血液中 Cl^- 减少而 HCO_3^- 潴留，便形成了持续性反酸尿。

2. 治疗

伴有反酸尿的代谢性碱中毒，首先可通过静脉输注生理盐水和任格氏液补充 NaCl。严重缺钾时还应静脉输注或口服含钾溶液，以便纠正反酸尿。

(三)其他罕见的原因所致代谢性碱中毒(metabolic alkalosis caused by reasons rarely to be seen)

1. 由内源性或外源性盐皮质激素过多所致。此种原因引起的代谢性碱中毒与低氯性碱中毒有些不同，其鉴别见表 10-2。治疗用 KCl 和抗醛固酮药物。

表 10-2　两种代谢性碱中毒的鉴别

项目	尿氯	细胞外液量	输入氯化钠
低氯血症性	几乎无	减少	可纠正
盐皮质激素过多性	有，可增多	增多	不能纠正

2. 严重低钾血症：由肾脏排 H^+ 增多所致。

(四)原发代谢性酸中毒并发原发代谢性碱中毒(primary metabolic acidosis accompanied by primary metabolic alkalosis)

1. 胃源性呕吐能引起代谢性碱中毒，导致血液中 HCO_3^- 增多，呕吐又可导致血容量减少性休克，使机体内乳酸产生增多。乳酸与 HCO_3^- 中和，所以血液中 HCO_3^- 在正常范围或接近正常值。但血氯值降低，AG 值特大。

2. 有机酸如乳酸、酮体和尿酸中毒等，有时可引起动物呕吐，呕吐能使已经降低的 HCO_3^- 值重新升高，接近正常值。血清氯降低，AG 值极大(常大于 30 mmol/L)。

实验室检验有如下特点：①血清或血浆 HCO_3^- 或 TCO_2 浓度正常或接近正常。②血清氯值降低。③AG 值特大：这是原发代谢性酸中毒并发原发代谢性碱中毒的主要特征。

(五)呼吸性酸中毒(respiratory acidosis)

呼吸性酸中毒的发生是由于肺排出 CO_2 障碍，即肺 CO_2 排出的速度明显低于组织中 CO_2 产生的速度，导致血液 PCO_2 升高，发生高碳酸血症。特点是 PCO_2 和 H_2CO_3 升高，PO_2 降低，pH 降低。肺排出 CO_2 障碍是由于呼吸中枢失控(麻醉、镇静、头部外伤等)，呼吸肌肉或其他参与呼吸的部分功能衰竭(气胸、胸腔积液、肌肉无力、神经毒素、肉毒素和破伤风毒素等)及严重肺异常(重剧肺尖和肺水肿、气管堵塞和慢性堵塞性肺病等)所致。

应针对病因进行治疗，使体内潴留的 CO_2 及时排出，必要时可间歇或低流量持续给氧气。

(六)呼吸性碱中毒(respiratory alkalosis)

肺部 CO_2 的排出超过体内 CO_2 的产生，导致血液和 H_2CO_3 降低，发生低碳酸血症。特点

为 PCO_2 和 H_2CO_3 浓度降低，pH 升高。产生换气过度的原因有惧怕或不安（喘）、高热、肝性脑病、惊厥、日射病和热射病、低血压、肺纤维化、肺炎、肺水肿及永久性动脉导管等。

针对换气过度的原发病因进行处理，还可结合吸入含 5% CO_2 的混合气体。

（七）原发代谢性酸中毒并发原发呼吸性酸中毒（primary metabolic acidosis accompanied by primary respiratory acidosis）

实验室检验特点为 pH 和 HCO_3^- 值降低，PCO_2 值增大（表 10-3）。临床上主要见于长时间麻醉产生的呼吸性酸中毒，组织缺氧、低血容量性休克，胸壁外伤、充血性心衰竭，严重肺水肿、胸腔积液，组织血液灌流减少、代谢性酸中毒患者的麻醉或镇静。

表 10-3　部分代偿性酸碱平衡失调的实验室检验指标鉴别表

项目	pH	PCO_2	HCO_3^-	BE	原因
代谢性酸中毒	↓	↓	↓	－	HCO_3^- 的丢失；酸体内积留
代谢性碱中毒	↑	↑	↑	＋	呕吐或胃液过多分泌；内源性或外源性皮质激素过多；严重低钾血症
呼吸性酸中毒	↓	↑	↑或正常	正常到＋	麻醉；严重肺病
呼吸性碱中毒	↑	↓	↓	正常到－	过度呼吸；疼痛；热性病早期
原发代谢性酸中毒并发原发代谢性碱中毒	正常 ↑↓	正常 ↑↓	正常 ↑↓	正常 ↑↓	呕吐＋腹泻；肾病＋呕吐；呕吐＋脱水
原发代谢性酸中毒并发原发呼吸性酸中毒	↓	↑	↓	－	长时间麻醉；先天性或后天性房间孔、动脉导管和静脉导管分流；新生动物
原发代谢性酸中毒并发原发呼吸性碱中毒	正常 ↑↓	↓	↓	－	腹泻＋过度呼吸；肾病＋过度呼吸
原发代谢性碱中毒并发原发呼吸性碱中毒	↑	↓	↑	＋	呕吐＋过度呼吸；心衰竭＋血氧降低和使用利尿
原发代谢性碱中毒并发原发呼吸性酸中毒	正常 ↑↓	↑	↑	＋	胃扩张；呕吐＋麻醉

注：↑表示升高，↓表示下降，＋表示 BE（碱过剩）值为正数，－表示 BE（碱过剩）值为负数

（八）原发代谢性碱中毒并发原发呼吸性碱中毒（primary metabolic alkalosis accompanied by primary respiratory alkalosis）

原发代谢性碱中毒并发原发呼吸性碱中毒的实验室检验特点为：pH 和 HCO_3^- 值上升，PCO_2 值降低。临床上主要见于呕吐与换气过度；充血性心衰竭与血氧降低和利尿药的使用；扭转性胃扩张与过度呼吸或脓毒症。

（九）原发代谢性酸中毒并发原发呼吸性碱中毒（primary metabolic acidosis accompanied by primary respiratory alkalosis）

原发代谢性酸中毒并发原发呼吸性碱中毒的实验室检验特点为：pH 正常、增加或减少，HCO_3^- 和 PCO_2 少。临床上主要见于肾脏疾病或腹泻与过度呼吸；水杨酸中毒、脓毒性休克

和热休克。

(十)原发代谢性碱中毒并发原发呼吸性酸中毒(primary metabolic alkalosis accompanied by primary respiratory acidosis)

原发代谢性碱中毒并发原发呼吸性酸中毒的实验室检验特点是：HCO_3^- 和 PCO_2 增加，血液 pH 正常、增加或减小。临床上主要见于伴有膈肌受压而影响呼吸的扭转性胃扩张，及代谢性碱中毒患者的麻醉或镇静。

此外，还可能发生两种以上混合性酸碱平衡失调。如在小肠扭转性胃扩张时，由于疼痛而使呼吸加快所发生的呼吸性碱中毒；由于呕吐所发生的代谢性碱中毒，由于大量体液丢失，而使血液循环量减少及组织缺氧产生乳酸的代谢性酸中毒；由于胃扩张而使膨胀的胃压迫膈，影响了呼吸换气所发生的呼吸性酸中毒。以上情况既可能独立发生，也可能随时间进展而相互转变，还可能是两种或两种以上混合性酸碱平衡失调。在混合性酸碱平衡失调中，由于某种酸中毒或碱中毒占优势或劣势，可能出现临床症状、血气分析、尿和电解质检验及AG 的差异，因此，在临床诊断和治疗中应加以注意。

犬猫血液 pH、PCO_2 和 HCO_3^- 的参考值见表 10-4。

表 10-4 犬猫血液 pH、PCO_2 和 HCO_3^- 的参考值

动物名称	血液 pH	PCO_2	HCO_3^-
犬	7.30～7.45	29～46	16～28
猫	7.24～7.40	36	17～21

第四节 其他营养代谢疾病

母犬、母猫生产搐搦

母犬、母猫生产搐搦(puerperal tetany)是产后低钙血症引起的以全身痉挛、呼吸急促为特征的代谢性疾病。见于产仔数多的小型、兴奋型的犬。多发生于产后 6～30 d，偶见于妊娠后期或分娩过程中。大型犬和猫偶尔也可发生。

(一)病因

搐搦症的直接原因是由于孕期缺钙，而泌乳期大量钙随乳汁排出，又未能及时补充导致发病。

(二)症状

病初表现不安、兴奋，呼吸急促，步态蹒跚，流涎，呻吟。随后肌肉震颤，间歇性痉挛，抽搐，卧地不起，进而发生阵发性、强直性肌肉痉挛，每次持续 5～30 min，开始时，间歇期较长，随着疾病的发生发展，间歇期逐渐缩短。从出现症状到发生强直痉挛的时间为 15 min 到 12 h 不等，体温略有升高，心动过速，呼吸迫促，张口伸舌，口吐白沫，可视黏膜发绀，如不及时治疗多在 1～2 d 后因窒息而发生死亡。

(三)治疗

以补钙为主，10%的葡萄糖酸钙溶液 5～20 mL 加入 5%～10%的葡萄糖溶液中缓慢静脉注射，10～30 min 即可缓解痉挛和呼吸急促的临床症状。犬应用氯化钙的危险性较大，因此应当慎用或不用。对持续性抽搐的犬，可用戊巴比妥静脉或皮下注射。若病情好转可口服乳酸钙(剂量为每千克体重 500 mg)及维生素 D 500～1 000 IU。日粮中添加钙和维生素 D 有利于预防本病的复发。

及早诊治，合理用药，是治愈母犬、母猫产后搐搦症的关键。

(四)预防

加强母犬、母猫产前、产中、产后的饲养管理，是防止该病发生的重要措施之一。在怀孕期，尤其在怀孕后期和泌乳期，应增加日粮中的钙含量，最好能供给全价日粮，也可在日粮中添加钙剂，适量增加户外活动以及多晒太阳，可有效预防该病的发生。一旦发病，必须立即给幼犬幼猫断奶，有困难者，则应减少吃奶次数，直至断奶。

第十章彩图

HAPTER 11

第十一章　中毒病

第一节　中毒病概述

毒物种类很多，通常动物中毒多为急性，一时又难以确诊是什么毒物中毒，即使能够确诊，当前对多数毒物中毒也缺少特效解毒药。因此，本章重点介绍临床上相对比较多见的几种中毒性疾病，便于临床上抢救急性中毒犬猫。

中毒性疾病的一般治疗措施

一般中毒性疾病，多呈突然急性发作，而且目前对多数毒物尚无特效的解毒药物，因此，采取一般治疗措施，对于缓解中毒症状，维持生命，从而使中毒动物获得康复，具有极其重要的意义。

一、中毒的紧急处置

毒物由口食入所致中毒，且时间不久，应即刻进行催吐，使毒物从胃内排出体外，减少吸收。

一般可用3%过氧化氢溶液口服，每次5 mL，每隔5 min 1次。此外，也可用吐根糖浆，每次每千克体重2～5 mL或用软布条、鸡毛等物，迅速而轻微地刺激动物软腭或咽黏膜，引起反射性呕吐。

当动物误食强酸、强碱或煤油等毒物时，不宜进行催吐。

毒物或腐蚀性化学物质接触动物体表致使中毒时，应立即用大量清水洗刷受染部位，以排除或减少有害物质对体表的继续作用。

动物发生中毒，出现兴奋不安、惊厥时，为使动物保持安静，可给予镇静剂，以防止意外伤害。

二、排除毒物

1.排除动物消化道内毒物

(1)催吐。对由口食入毒物尚不超过2 h，毒物未被吸收或吸收不多时，应用催吐，使毒物连同胃内容物吐出体外，防止吸收或送入肠道后进一步吸收。犬通常选用阿扑吗啡催吐，每千克体重0.04～0.09 mg，皮下注射；猫选用隆朋(盐酸二甲苯胺噻嗪)，每千克体重1 mg，肌肉注射；也可用1%硫酸铜溶液灌服，犬为20～100 mL，猫为5～20 mL；还可用1%硫酸锌溶液，犬20～40 mL/次。犬还可用2%碘酊2～5 mL，10倍稀释后灌服。

当毒物食入已久，并进入十二指肠已被吸收时，再用催吐治疗无效。此外，误食强酸、强碱、腐蚀性毒物时，不宜催吐，以防对食道和口腔黏膜造成损伤或使胃破裂。

(2)洗胃。由口食入毒物不久尚未吸收时，可采取洗胃措施。

洗胃前对动物进行镇静或麻醉，然后做气管内插管和套囊封闭，以防止动物误咽。保定时应使动物头、胸部稍低些，但不能因腹腔内脏器官重力前移压迫膈肌影响呼吸。用开口器打开口腔，再用直径较粗的胃管插入胃内。宜用温水洗胃。洗胃用水量为每次每千克体重灌注5～10 mL，不宜太多，可反复灌之。在洗胃温水中加入活性炭或解毒药，可提高洗胃效果。

洗胃插入胃导管时，要防止损伤食道和胃黏膜。胃壁有损伤时，洗胃灌注水量应适当减少。

(3)吸附毒物。由口食入的毒物已超过 2 h，虽进入肠道但尚未完全吸收时，可口服活性炭吸附毒物，以减少肠道吸收；剂量为每千克体重 2～8 g，并以每克活性炭加水 3～5 mL，经胃导管灌注胃内。0.5 h 后再灌服缓泻剂硫酸钠，剂量为每千克体重 1 g，加水配成 5%～10%溶液。

(4)灌肠。可促进肠道内有毒物质排出。犬猫多以医用 16 号导尿管作为灌肠用导管。其尖端涂油插入肛门，边往前送边注入灌肠液体，可以深达 5～30 cm。液体选用温热(38～39℃)普通水或肥皂水，也可选用 0.1%高锰酸钾溶液等灌肠。一般灌肠液体剂量为每千克体重 20～40 mL，不宜灌注过多，以防肠管受到损伤。注意防止灌肠使腹压急剧升高而影响呼吸。中毒动物有高热时，可用冷水灌肠，有降低体温的作用。

为使灌注液体在肠道内停留一段时间，可用手指以适度力量按压肛门片刻再放开，让其自行排出。灌肠可反复进行。

(5)导泻。可加速肠道内容物排出体外，以减少肠道对毒物的吸收。毒物经由胃送入肠道后，为了加速排出，一般多用盐类泻药，如硫酸钠或硫酸镁，剂量为每千克体重 1 g，配成5%～10%溶液口服或灌服，或选用润滑性泻药，如石蜡油(不被机体所吸收)，剂量为每千克体重 3～5 mL，口服；还可用植物油灌服，但对脂溶性毒物，不宜使用，防止促进毒物吸收。

2.清除皮肤和黏膜上的毒物

对皮肤和黏膜上的毒物，应及时用冷水洗涤(为了防止血管扩张，加速对毒物吸收，不宜用热水)，洗涤愈早愈彻底愈好。

对于不宜用水洗涤的毒物，可酌情使用酒精或油类物质擦洗。但用上述物质擦洗时，易使毒物溶解于酒精或油质中，也能促进其吸收，所以，在使用该措施时，应迅速擦洗，并且边擦洗边用干毛巾擦净。

对已知毒物，最好选用具有中和或对抗作用的药物来清洗体表或黏膜的有毒物质。如毒物为酸性物质，可选用弱碱性物质，如碳酸氢钠溶液。反之碱性物质中毒时，可选用弱酸性物质，如食醋进行洗涤。但注意选用洗涤药物时，不能使被清洗的毒物增加毒性。例如，敌百虫中毒时，严禁用弱碱性溶液清洗，因为敌百虫在碱性环境中，其毒性可变成比敌百虫大的敌敌畏。

3.加速毒物从体内排出

多数毒物通过肝脏代谢由肾脏排出，也有的毒物通过肺或粪便等途径排出。保护肝脏，可给予葡萄糖，增加肝糖原和葡萄糖醛酸等，以便增强肝脏的解毒功能。猫肝脏与犬不同，缺乏葡萄糖醛酸转移酶，因而某些化学物质不能及时与葡萄糖醛酸结合由肾排出，结果导致这些物质排泄缓慢，使其毒性增强。

投予利尿剂增加排尿量。尿量增多使溶解在尿液中的毒物加速随尿排出体外，但必须在动物机体肾功能正常情况下方可投予利尿剂，如甘露醇，剂量为每千克体重 2 g，静脉注射；或用速尿，剂量为每千克体重 4 mg，肌肉注射。此外，人为改变尿液 pH 时，可促使某些毒物排出。当中毒动物发生少尿或无尿，致肾功能衰竭时，可进行腹膜透析，从而使体内代谢产物或某些毒物通过透析液排出体外。

三、解毒药物

1. 常用解毒药物

(1)吸附剂。吸附剂使毒物被吸附于吸附剂表面或孔隙中，以减少或延缓毒物的吸收，达到解毒目的。吸附剂不溶于水，也不易被机体吸收，对机体无害。因此，除氰化物毒物外，任何经口食入消化道的毒物，都可使用吸附剂解毒。但吸附剂对毒物也仅仅是吸附作用，并不能改变毒物性质，故使用吸附剂的同时，必须配合泻剂、洗胃或结合催吐剂使用，效果将会更好。

常用吸附剂有：药用炭、木炭末等，一般配成 2%～5%混悬液灌服或洗胃，或与催吐剂或盐类泻剂混合应用，剂量为每千克体重 1～3 g，还可根据情况酌情加减。

(2)保护剂。保护剂为黏浆剂和具有黏滑性的物质，在灌服后能被覆在胃、肠黏膜表面，使毒物不能与黏膜直接接触，从而保护黏膜免受毒物刺激，并减少或延缓毒物吸收，达到解毒目的。

常用黏浆剂和黏滑性保护剂，多数是营养物质或对机体基本上无害的物质。因此，保护剂可不受剂量限制，对经口进入消化道内的毒物，一般都可使用。但这类制剂也仅能起到物理性保护作用，并不能改变毒物性质，故在应用黏浆剂时，首先用催吐剂或泻剂，以免使过多的毒物沉积于胃、肠壁上不易清除，造成不良后果。使用黏浆剂，一般可多次使用，但不宜同时或同其他药物混合使用。常用黏浆剂有蛋白水、牛乳、米汤和面粉糊等。

(3)凝固剂。凝固剂可以使毒物凝固，形成不易溶解的物质，以减少胃、肠对其吸收，达到解毒的目的。但凝固剂应用范围比较窄，只能应用于铅、铜、汞、石炭酸等易被凝固剂所凝固的毒物。常用凝固剂有蛋白水、花生油、菜油和猪油等。

应用油类凝固剂时，应注意的是除上述毒物外，有的毒物易溶于油中而被吸收，有加重中毒危险。因此，在应用凝固剂过后，再灌服盐类泻剂将更为安全。

(4)中和剂。用弱酸中和碱性毒物或以弱碱中和酸性毒物，从而达到解毒目的。毒物被中和后发生质的变化，使其失去毒性。因此，当中毒物质为已知酸性或碱性毒物时，使用中和剂是重要的解毒措施。

常用弱酸性解毒剂有食醋、酸奶、稀盐酸和稀醋酸等。应用稀醋酸需经 10～20 倍稀释，用稀盐酸(10%)需经 20～40 倍稀释。常用弱碱性解毒剂有氧化镁、石灰水上清液、小苏打水和肥皂水等。上述中和剂在用于灌肠或洗胃时，浓度可加大几倍，使之增强效果。

(5)氧化剂。氧化剂用以氧化毒物，使有毒物质变为无害物质。这是一种简单而有效的解毒方法，但在应用上也有一定的局限性，只能用在能被氧化的毒物，如生物碱、氰化物、无机磷、巴比妥类药物、砷化物等。有的毒物，如有机磷(1605、1059、3911、乐果等)应用氧化剂后，反而使其毒性增强。故对这些毒物应禁止使用氧化剂解毒。氧化剂可氧化破坏消化道内残存的有毒物质，故常用于洗胃或口服以及深部灌肠。

常用的氧化剂有高锰酸钾和过氧化氢溶液等。前者有刺激性和腐蚀性，应用时注意药液的浓度。后者易产生气体，除不宜用于腐蚀性毒物中毒外，一般3%过氧化氢溶液需经10倍以上稀释后，方可用于灌服或洗胃。

(6)沉淀剂。沉淀剂使毒物沉淀，以减少毒性或延缓吸收而达到解毒目的。常用沉淀剂有鞣酸、浓茶、稀碘酒和蛋白水等。沉淀剂主要用于砷、汞等重金属以及生物碱类中毒。

(7)拮抗剂。利用药物与药物间、药物与毒物间、毒物与毒物间的相互拮抗作用来达到解毒目的。常见的拮抗剂如下：

①阿托品、莨菪碱类对毛果芸香碱、槟榔及其制剂、新斯的明等有拮抗作用。阿托品还对有机磷、西维因、吗啡类药物和毒蕈等有一定的拮抗解毒作用。

②水合氯醛、巴比妥酸类药物对士的宁、美解眠等有拮抗解毒作用。

③氯丙嗪、奋乃静对盐酸苯海拉明等有拮抗解毒作用(对抗肌肉震颤等)。

④阿片、吗啡、杜冷丁和其他阿片类药物等对盐酸丙烯去甲吗啡、麻黄碱、戊四氮、尼克利米、安钠咖、回苏灵、山梗茶碱等有拮抗解毒作用。

⑤巴比妥类药物、水合氯醛对麻黄碱、苯丙胺、戊四氮、尼克刹米、山梗茶碱、安钠咖、美解眠等，都互为拮抗，又互为解毒药。

2.特效解毒药

对中毒毒物具备特殊有效拮抗作用和解毒功能，并使其变为对动物无毒的药物称为特效解毒药。目前这种具有直接作用的解毒剂为数不多。常用的特效解毒药有以下几种：

(1)美蓝。1%美蓝溶液，剂量为每千克体重0.5～1 mL，静脉注射，应用于氢氰酸中毒；剂量为每千克体重0.1～0.2 mL，静脉注射，用于解除亚硝酸盐、非那西丁、安替比林、硝基苯等中毒。

(2)解磷啶、氯磷啶、双复磷等。用于有机磷中毒，如配合阿托品使用，其效果将更为有效。

(3)依地酸钙钠、青霉胺、二巯基丙醇、硫代硫酸钠等。主要用于铅、汞、砷、锇等重金属和类金属中毒。

(4)葡萄糖醛酸内酯(肝泰乐)。是石炭酸、来苏儿、木焦油等芳香族碳氢化合物中毒的特效解毒药，但主要用于犬而不宜应用于猫。

四、对症治疗

对症治疗又称支持疗法，在中毒病治疗中具有非常重要的意义。它为缓解中毒症状和抢救中毒动物生命赢得了时间。当前仍有许多毒物中毒后无特效解毒药，多通过对症治疗来增强机体的代谢、调节功能以及降低毒性作用，从而获得康复。

经常采用的措施有中枢神经过度兴奋给予镇静药，以及过度抑制给予兴奋药。此外，还根据动物临床表现，采用相应的药物给予调节，如强心、利尿、止痛、兴奋呼吸中枢和降温等措施。同时，中毒动物体液丢失的补充、调节酸碱平衡等，也是在中毒治疗中不可忽视的重要措施。

第二节　食物中毒

一、犬、猫三聚氰胺中毒

犬、猫三聚氰胺中毒(melamine poisoning in dogs and cats)是由于犬、猫摄入了被三聚氰胺污染的饲料或其他相关物质后引起的，以肠功能衰竭、泌尿系统结石等为特征的一种中毒病。猫中毒报告数量比犬中毒报告数量要多。

三聚氰胺简称三胺，学名三氨三嗪，别名蜜胺、氰尿酰胺、三聚氰酰胺，是我国饲料界俗称的“蛋白精”中的一种主要成分。它是一种重要的、用途广泛的氮杂环有机化工原料，是重要的尿素后加工产品，但我国农业部在《饲料添加剂品种目录》(农业部公告 658 号)中明令禁止将其用作动物饲料的添加剂。在 1994 年国际化学品安全规划署和欧洲联盟委员会合编的《国际化安全手册》(第三卷)和国际化学品安全卡片中说明，长期或反复大量摄入三聚氰胺可能对膀胱产生影响，发生结石。2007 年美国发生了 4000 多起猫、犬等宠物因食用受三聚氰胺污染的饲料而出现中毒死亡的事件，从而使该病引起人们的广泛关注。

(一)病因

国家明令禁止将三聚氰胺用作动物饲料的添加剂，一般情况下，动物不大可能通过饲料摄入三聚氰胺而发生中毒。但极少数不法商人在利益驱动下，仍在饲料中添加三聚氰胺。三聚氰胺最大特点是含氮量很高，其含氮量可达 66%，折合成粗蛋白质含量可达 400%，在饲料中掺入少量就可以迅速提高“蛋白质”含量。例如在植物蛋白粉和饲料中，每增加 1%的三聚氰胺，就会使通常以凯氏定氮法等方法测定的蛋白质超过 4%，加之其生产工艺简单、成本很低，给了掺假、造假者极大的利益驱动。给犬、猫饲喂一段时间这种饲料，就会发生三聚氰胺中毒。

(二)发病机理

动物实验证明，尽管三聚氰胺和三聚氰酸单独饲喂给动物时皆具有较低的毒性，但是将二者混合加入日粮中，则会导致动物易于罹患急性肾衰竭。这是因为三聚氰胺和三聚氰酸结合在一起会形成一种不溶性晶体，沉积在肾脏的远曲小管，造成远曲小管上皮的炎症、增生、坏死，进而会造成肾衰竭。此外该不溶性晶体还会使胃黏膜、肺脏平滑肌、肺泡壁的矿化作用加强。

(三)临床症状

大部分患病犬、猫通常表现为厌食、嗜眠、烦渴、氮质血症、高磷酸盐血症，重症病例后期均表现为尿毒症，伴有泌尿系结石。患病犬、猫可出现呕吐、多尿、血尿、少尿、无尿等症状；有的病例可发现尿液浑浊或在患病犬、猫的尿液中见有排出的沙粒样结石。伴有双侧肾、输尿管结石而引起完全梗阻的病例，会造成急性梗阻性肾衰竭，表现为少尿或无尿；少数病例可见口腔溃疡。伴有结石阻塞尿道者，可表现为排尿困难，尿流中断、滴沥。并发泌尿系感染可出现尿路受刺激症状。伴有急性肾梗阻性肾衰竭时，可有高血压、水肿、高血钾、严重酸中毒、心力衰竭等临床表现。

(四)临床病理学

(1)肝、肾功能检查:可出现氮质血症,尤其是伴发急性肾衰竭者,血肌酐升高至 7～15 mg/dL(正常参考值为 0.9～2.1 mg/dL),尿素氮可升高至 130 mg/dL。(正常参考值为 20～34 mg/dL)。但患病犬、猫肝功能检验一般不出现异常。

(2)尿钙及尿肌酐检查:患病犬、猫 24 h 尿钙及尿肌酐检验大致正常。

(3)尿常规检查:尿中可见红细胞,合并泌尿系感染时,尿中可出现白细胞或成团的脓细胞,可有轻度蛋白尿。尿液中红细胞形态,属于非肾小球源性血尿。

(4)血常规检查:无特征性改变。

(5)血液、电解质等生化检验:合并急性肾衰竭的患病犬、猫可出现电解质紊乱,表现为高磷酸盐血症(硝酸盐可升高至 11.3～25 mg/dL,正常参考值为 3.2～6.2 mg/dL)、高钾血症、低钠血症、低钙血症及代谢性酸中毒。

(五)诊断

患病犬、猫具有明确的摄入被三聚氰胺污染的饲料或食物的病史。患病犬、猫的肾脏和肾结石,以及所采食饲料中三聚氰胺含量的测定有助于确诊。另外,根据上述临床表现和临床病理学检验结果,假如其中有一项或多项相吻合,则应高度警惕本病发生的可能性。必要时也可进行影像学检查,包括:①泌尿系统超声检查:多切面显示肾盂、肾盏内直径 ≥4 mm 团状强回声,并伴有或不伴有声影者则可诊断肾结石;肾盂并肾盏扩张提示梗阻;仅见扩张,没有结石者,不能诊断为本病。②泌尿系统 X 射线平片检查:结石块在 X 射线照射下呈阴性,故泌尿系 X 射线平片不显影。③其他检查:如 CT、静脉尿路造影等,可根据不同情况选用。当患病犬、猫出现急性肾衰竭时,应注意与乙二醇中毒、霉菌毒素中毒等引起的急性肾衰竭相区别。

(六)治疗

一旦确诊本病,应立即停用被三聚氰胺污染的饲料或食物。根据患病犬、猫的一般情况、临床表现、结石大小及位置、有无并发症等,选择不同的治疗方法。

(1)对于结石直径 <4 mm,无尿路梗阻,临床无症状的患病犬、猫,由于此类结石较为松散或呈细沙粒样,多饮水后结石自行排出可能性大,无须特殊治疗,但需要定期检查。

(2)对于有较大的结石,而且有临床症状及短期尿路阻塞的患病动物,首选内科保守治疗,保守治疗过程中要密切监测尿量及结石排出情况,应用超声、尿常规、血液生化等检查手段定期复查泌尿系统。

(3)结石所致尿路阻塞并伴有急性肾衰竭者为重症患病犬、猫,在积极内科治疗的基础上,应及时采用外科手术,摘除结石块,以解除梗阻。梗阻解除前根据患病犬、猫情况进行血液净化治疗,可选用下列透析液:

配方 1:氯化钠 6.1 g,氯化钾 0.35 g,二水氯化钙 0.31 g,六水氯化镁 0.05 g,碳酸氢钠 2.2 g,葡萄糖 20.0 g,蒸馏水 1000.0 mL(碳酸氢钠用前加入);

配方 2:氯化钠 5.55 g,二水氯化钙 0.30 g,六水氯化镁 0.15 g,乳酸钠 5.04 g,葡萄糖 15.0 g,蒸水 1000.0 mL;

配方 3:(利用静脉补液制剂配制)0.9%氯化钠 250.0 mL,10%氯化钾 3.0 mL,5%氯化

钙 8.0 mL,4%碳酸氢钠 60.0 mL,5%葡萄糖生理盐水 500.0 mL,5%葡萄糖 250.0 mL;

或用人医用的腹膜透析液,临床兽医可根据具体情况参考使用。

在治疗过程中应密切注意尿液 pH、血气、水、电解质及酸碱平衡的动态变化,当患病犬、猫出现尿毒症症状时一般预后不良。

二、洋葱和大葱中毒

洋葱和大葱都属百合科葱属。犬猫采食后易引起中毒,主要表现为排红色或红棕色尿液,犬发病较多,猫少见。动物洋葱中毒世界各地均有报道,我国 1998 年首次报道了犬洋葱中毒(onion poisoning)。

(一)病因

犬猫采食了含有洋葱或大葱的食物后,如包子、饺子、铁板牛肉、大葱爆羊肉等,便可引起中毒。研究证明,洋葱和大葱中含有具有辛香味挥发油的 N-丙基二硫化物或硫化丙烯,此类物质不易被蒸煮、烘干等加热破坏,越老的洋葱或大葱其含量越多。洋葱或大葱中含的 N-丙基二硫化物或硫化丙烯,能降低红细胞内葡萄糖-6-磷酸脱氢酶(G6PD)的活性。G6PD 能保护红细胞内血红蛋白免受氧化变性破坏,如果 G6PD 活性减弱,氧化剂能使血红蛋白变性凝固,从而使红细胞快速溶解并形成海恩茨小体。老龄红细胞含 G6PD 少,中毒后比幼龄红细胞更易氧化变性溶解,体弱动物红细胞也易溶解。红细胞溶解后,从尿中排出血红蛋白,使尿液变红,严重溶血时,尿液呈红棕色。

(二)症状

犬猫采食洋葱或大葱中毒 1～2 d 后,最显著特征为排红色或红棕色尿液。中毒轻者,症状不明显,有时精神欠佳、食欲差、排淡红色尿液(图 11-1)。中毒较严重犬,表现精神沉郁、食欲不佳或废绝、走路蹒跚、不愿活动、喜卧、眼结膜或口腔黏膜发黄、心搏增快、喘气、虚弱、排深红色或红棕色尿液、体温正常或降低。严重中毒可导致死亡。

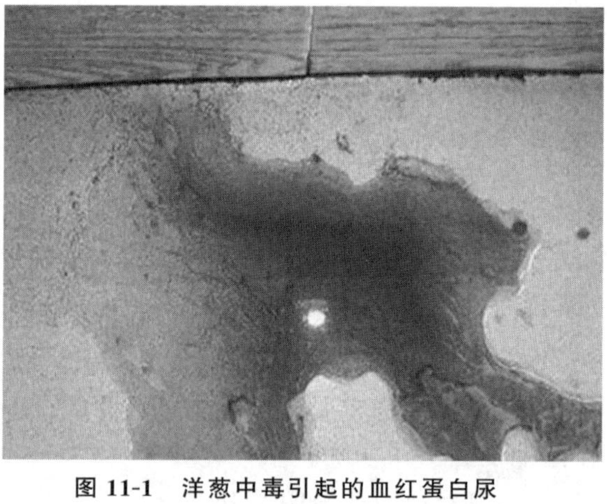

图 11-1　洋葱中毒引起的血红蛋白尿

(三)实验室检验

(1)血液检验。血液随中毒程度加重逐渐变稀薄,红细胞数、血细胞比容和血红蛋白减少,白细胞数增多。红细胞内或边缘上有海恩茨小体。

(2)生化检验。血清总蛋白、总胆红素、直接及间接胆红素、尿素氮和天门冬氨酸氨基转移酶活性均呈不同程度增加。

(3)尿液检验。尿液颜色呈红色或红棕色、比重增加、尿潜血、蛋白和尿血红蛋白检验阳性。尿沉渣中红细胞少见或没有。

(四)诊断

有采食洋葱或大葱食物史,尿液红色或红棕色,内含大量血红蛋白。采血可见血液颜色变暗,凝血不良,运用止血药无效,镜检发现红细胞内或边缘上有海恩茨小体,即可做出准确诊断。

(五)治疗

(1)抗氧化。肌肉注射维生素 C、维生素 E,每日 2 次,连用 4 日。

(2)促进毒物排出。肌肉注射速尿,每日 2 次,连用 4 日。

(3)促进红细胞合成。皮下注射维生素 B_{12},后肢深部肌肉注射右旋糖酐铁,静脉注射复方氨基酸溶液。

(4)补液和防止继发感染。静脉注射 5%葡萄糖氯化钠溶液、10%氯化钾溶液、辅酶 A、三磷酸腺苷(ATP);肌肉注射头孢拉定。

(六)预防

停止饲喂洋葱或大葱性食物。

三、巧克力中毒

巧克力中毒(chocolate poisoning)指动物由于长时间或过量摄入巧克力,而体内没有相应的酶来分解而引起的,以呕吐、腹泻、频尿和神经兴奋为主的中毒性疾病。各种动物对巧克力均敏感。临床上主要见于犬、猫,特别是小型犬更易发生。除了巧克力之外,动物食用含咖啡因和可可碱的其他食物也有中毒的可能,如可可奶、咖啡、可乐等。

(一)病因

犬、猫巧克力中毒,主要是饲养者经常饲喂巧克力糖、冰淇淋、面包、饼干等引起,节假日发病率高,特别见于 1~3 kg 的小型犬。另外,过量使用含咖啡因、可可碱、茶碱的药物,也可引起中毒。由此可见,巧克力中毒与巧克力类型、犬的大小有直接关系,巧克力越纯、犬越小,越容易发生中毒。

(二)发病机理

可可碱和咖啡因是巧克力的主要成分,化学本质是一种甲基黄嘌呤类化合物,它能抑制腺苷受体,导致血管收缩、心动过速和刺激中枢神经系统,并能抑制磷酸二脂酶活性,导致体内环磷腺苷量增加,产生儿茶酚胺效应,从而导致机体血管收缩,中枢神经兴奋,心动过速,临床表现为动物呼吸加快、精神兴奋、呕吐腹泻等一系列中毒症状。

可可碱或咖啡因的最小中毒致死剂量为每千克体重 100~200 mg。以 1 kg 的犬体重来说,食入烘焙巧克力 14 g,或牛奶巧克力 56 g,就会产生中毒的现象。

(三)临床症状

动物一般在摄入巧克力 8~12 h 后出现中毒症状,病程通常持续 12~36 h,当然这主要取决于摄入巧克力的量和治疗措施。患病初期,动物表现兴奋,神经过敏,口渴,呕吐。随着疾病的发展,腹泻,多尿,心动过速,呼吸急促,黏膜发绀,血压升高。严重者肌肉震颤,共济失调，惊厥，体温升高，脱水，虚弱，昏迷，最后因心律不齐和呼吸衰竭而死亡。有的患病动物无明显症状，而因严重的心律不齐突然死亡。

(四)病理变化

剖检主要的变化在消化道，胃和十二指肠黏膜充血，其他器官弥漫性淤血、胸腺淤血和出血。

(五)诊断

根据饲喂巧克力的病史，结合呕吐、腹泻、多尿、神经兴奋等临床症状，可做出诊断。必要时可测定血液、尿液、胃内容物中的可可碱含量。送检样品必须冰冻保存。

(六)治疗

本病尚无特效的解毒药物。治疗时，一定要根据中毒出现的不同阶段采取不同的治疗原则。一般中毒初期(摄入巧克力 4～8 h)的动物采用催吐和洗胃效果较好，肌内注射阿扑吗啡，剂量为每千克体重 0.08 mg。而对于中毒中后期，则采取解毒、补液调节电解质平衡及对症治疗原则。

四、食盐中毒

钠离子和氯离子是动物机体必需的矿物质元素，为了补充这两种元素，并增进动物的食欲，应当在日粮中补给食盐。但是如果食盐摄入量过多，特别是在饮水不足时，便会引起动物食盐中毒。多种动物都有发生食盐中毒的报道，但不同动物对食盐的敏感性不同，就表现出不同的中毒剂量。犬猫的日粮中食盐含量为 1%～2%，大量增加食盐的含量就会引起中毒，出现中毒症状。

(一)病因

犬猫食用咸鱼、咸肉或含盐量超过 2%的食物，就可能引起食盐中毒。食盐中毒的发生与否和犬猫饮水量有着密切关系，当摄入过量食盐制品时，如果充分地供给饮水，由于水能促进食盐的排出，因而不易引起中毒；如果饮水不足或是剧烈运动、天气炎热等原因致使机体缺水则容易诱发中毒。

(二)症状

食盐中毒分慢性中毒和急性中毒 2 种。慢性中毒以呕吐、饮水欲亢进、腹泻、肠炎、尿多症状为主。急性中毒表现为进食大量食盐后出现口渴、经常饮水，1～2 h 出现神经症状，如肌肉震颤、抽搐、圆圈运动、共济失调及视觉失常。一般体温是正常的，也会出现呕吐腹泻、多尿；逐步出现衰竭、脉搏快而弱、呼吸浅快，很多会在几小时内死亡。

(三)病理变化

胃黏膜变红、充血或坏死，肠壁充血、水肿，肠黏膜坏死或大片脱落，严重者肠道只见肌层及浆膜层，而无黏膜层，脑脊液较多，脑软膜水肿。

(四)诊断

由于犬猫对食盐不敏感，兽医临床很少遇到，容易误诊延误病情。确诊时主要依据患病犬猫有近期采食高盐食物的病史，或有剧烈运动、呕吐、饮水不足等诱因存在，临床检查时出现兴奋不安、运动失调、全身肌肉痉挛等明显的神经症状，即可确诊。

（五）治疗

对食盐中毒的治疗，目前尚没有特效治疗药物，主要采取的是促进体内氯化钠及时排出并结合对症治疗的综合治疗方案。

早期发现时灌肠，冲洗胃肠道使盐分排出，输入糖水降低血液中盐分并促进排出；用葡萄糖酸钙输液以减轻脑神经症状（因为食盐中钠离子为脑内葡萄糖无氧酵解的强力抑制剂）。

（六）预后

成年犬猫耐受力强一些，出现症状后经治疗可康复，而幼年犬猫无法经受严重的肠道损伤及脑神经症状，多数以死亡而告终。

第三节　农药及化学物质中毒

一、有机磷杀虫药中毒

农药中毒以有机磷农药中毒最常见。有机磷杀虫药有上百种，主要用于植物和动物以杀灭害虫。有机磷按毒性分为 3 类：一是剧毒类，如对硫磷（1605）、内吸磷（1059）、甲拌磷（3911）、硫特普等；二是强毒类，如敌敌畏、甲基（1059）；三是低毒类，如敌百虫、乐果、马拉硫磷（4049）等。这些有机磷可经消化道、呼吸道或皮肤进入犬猫体内，能引起不同程度的中毒。

（一）病因

犬猫中毒可发生在以下几种情况：

（1）误食撒布含有机磷杀虫药的食物，误饮撒布药物的饮水，或舔舐沾有药物的用具和被毛。

（2）误用配药用具做犬猫食盆或饮水盆。

（3）滥用或误用过量药物杀灭犬猫体内外寄生虫，或将犬猫留放在喷有药液的房间等。

有机磷杀虫药进入犬猫机体后，与体内胆碱酯酶结合，形成磷酰化酶，使胆碱酯酶失去水解乙酰胆碱作用，导致体内乙酰胆碱蓄积，引起一系列中毒症状。

（二）症状

有机磷杀虫药中毒主要表现为副交感神经系统过度兴奋，包括以下三种类型：

（1）毒蕈碱样症状．唾液分泌增多、瞳孔缩小、呕吐、腹泻、尿频、腹痛，由于支气管收缩和分泌物增多而引起呼吸困难（图 11-2，图 11-3）。

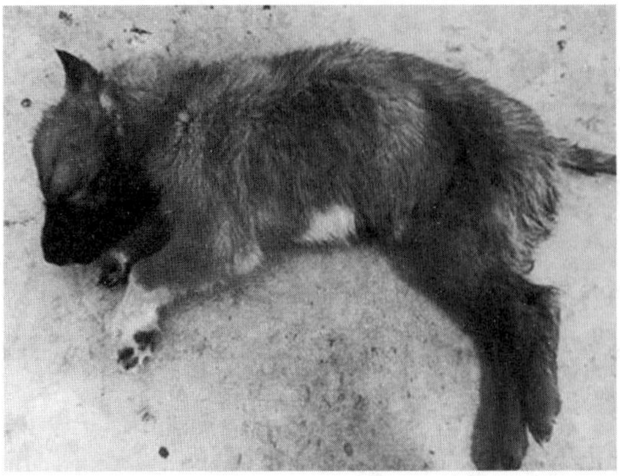

图 11-2　有机磷农药(敌百虫)中毒：
死亡犬全身汗液淋漓(左之才)

图 11-3　有机磷农药(敌百虫)中毒：
犬大量流涎，终因呼吸衰竭而死亡(左之才)

(2)烟碱样症状。肌肉无力或自发性收缩。

(3)中枢神经系统症状。表现神经质、兴奋、运动失调、惊恐，逐渐发展成惊厥或癫痫等(图 11-4)。

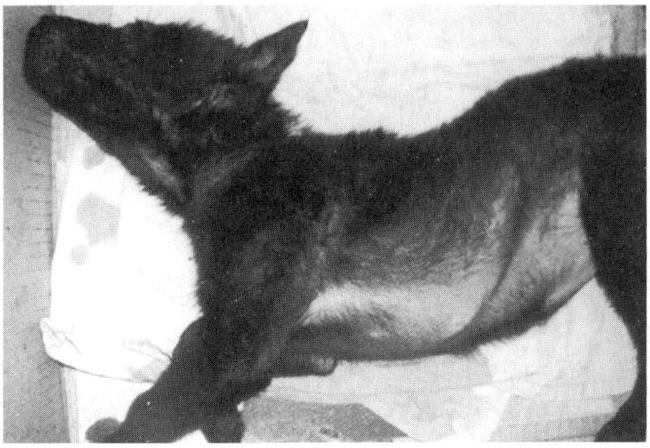

图 11-4　有机磷农药(1605)中毒：
死亡前出现角弓反张(封海波)

中毒症状多在毒物进入机体后几小时内出现。中毒轻重受毒物量多少和进入机体途径影响。急性严重中毒，表现呼吸困难，呼吸衰竭，最后死于呼吸麻痹。

(三)诊断

根据接触有机磷杀虫药史、临床症状、胃内容物毒物检验、血液与脑组织中胆碱酯酶活性降低即可诊断。

(四)防治

(1)尽量避免犬猫接触有机磷杀虫药。

(2)口服中毒，未超过 2 h，用催吐疗法。犬用阿扑吗啡，每千克体重 70 μg；猫每只每次 1～2 mg，皮下注射。硫酸铜催吐，犬每次 0.1～0.5 g，猫每次 0.05～0.1 g、配成 1%溶液口服。犬还可用 2%碘酊 2～5 mL，加水稀释 10 倍后，口服催吐。也可口服石蜡油，减少毒物在肠道吸收，尽快排出体外，犬每次 10～30 mL，猫 5～10 mL。口服活性炭，吸附胃肠内毒物，然后随粪便排出，犬猫每千克体重 3～6 g。

(3)皮肤接触中毒可用清洁水冲洗。

(4)药物治疗。硫酸阿托品，犬猫每千克体重 0.2～1.5 mg，皮下或静脉注射，每 3～6 h/次，必要时应重复给药；特效解毒药解磷定或氯解磷定，犬猫每千克体重 20～50 mg，配成 10%溶液，肌肉或静脉注射，必要时需重复给药；或用双复磷，犬猫每千克体重 15～20 mg，肌肉或静脉注射。解磷定、氯解磷定或双复磷和阿托品联合用药，效果会更好。

(5)中毒严重休克时，进行人工呼吸、吸氧等措施。呕吐、腹泻严重者需静脉输液治疗。

二、拟除虫菊酯类中毒

拟除虫菊酯类主要来自拟除虫菊酯杀虫剂，分为非耐光性和耐光性两大类。非耐光性拟除虫菊酯在日光下易分解，一般不用于防治大田作物虫害，而耐光性拟除虫菊酯杀虫剂如溴氰菊酯、氰苷菊酯现已广泛应用。因生产不慎或使用不当，可引起犬猫拟除虫菊酯类中毒(pyrethroid poisoning)。

(一)发病机理

目前认为此类杀虫剂主要是作用于哺乳动物的神经系统，特别是脑和脊髓，对大脑皮层神经元产生抑制作用，对脊髓运动神经元产生兴奋作用。也有人认为，该杀虫剂可抑制氧化型细胞色素氧化酶的活性和电子传递系统，并致中枢神经及心血管系统受损。本杀虫剂不抑制胆碱酯酶的活性，对皮肤、黏膜有刺激作用。

(二)临床症状

犬猫口服中毒后主要表现为呕吐，流涎，口吐白沫，视觉模糊，站立不稳，摇晃，肌肉震颤，肢体颤抖，抽搐，血压升高，心率减慢，心律紊乱。少数病例出现肺水肿和血尿。

(三)治疗

本病尚无特效治疗法，关键是迅速清除毒物，减少吸收，保护脏器功能。因此主要是对症与支持疗法。由于此类杀虫剂在碱性环境中易水解，故采用肥皂水清洗和2%碳酸氢钠洗胃是重要治疗措施。据报道，葛根素对抢救拟除虫菊酯杀虫剂中毒有效，可试用。

三、灭鼠药中毒

灭鼠药是以消灭老鼠为目的的毒药，种类较多，犬猫误食后引起中毒，其发病机理、临床症状、治疗方法等都有所差异。这里介绍了 4 种最常见的灭鼠药中毒。

(一)磷化锌中毒

磷化锌是一种灰黑色、强毒类毒鼠药，应用不慎则可引起犬猫磷化锌中毒。

1.发病机理

磷化锌毒鼠药一般按2%～5%的比例与食物配成毒饵诱杀鼠类。犬、猫中毒则主要是由于食入了被磷化锌毒死的老鼠所致。磷化锌进入胃后遇酸产生磷化氢和氯化锌，磷化氢被吸收后分布于实质脏器和骨骼肌，可抑制所在组织的细胞色素氧化酶，影响细胞内代谢过程，造成内窒息，使组织细胞发生变性、坏死，血管和肝脏受到损害，导致全身泛性出血；中枢神经系统受损害，则出现抽搐、痉挛和昏迷。氯化锌具有强烈的腐蚀性，可刺激胃黏膜引起急性炎症、充血、溃疡和出血等。若氯化锌经呼吸道进入肺泡，还可引起肺充血和水肿。

2.临床症状

磷化锌中毒表现为精神萎靡，犬猫常蜷缩在一处，继而出现消化道症状，食欲废绝，口吐白沫，呕吐，并伴有蒜臭味，腹痛，腹泻。呕吐物和粪便在暗处呈现磷光(图 11-5，图 11-6，图 11-7)。中度中毒时，出现抽搐和肌肉震颤，严重者心律失常，黏膜发绀，呼吸困难，尿色带黄，并出现尿蛋白、红细胞管型，粪便呈灰黄色。末期病畜陷于休克和昏迷。

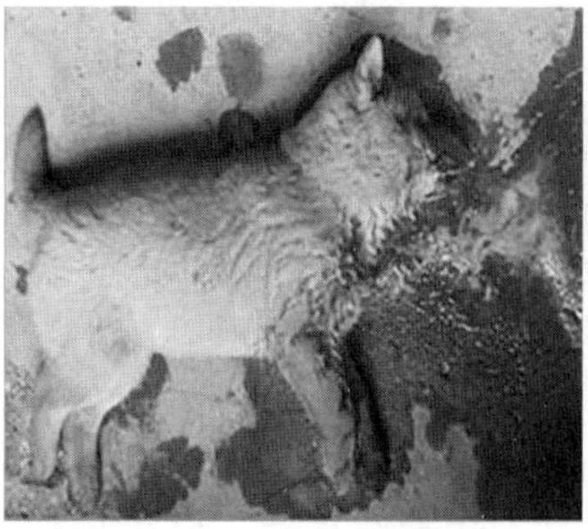

图 11-5　灭鼠药中毒的病犬，口吐白沫

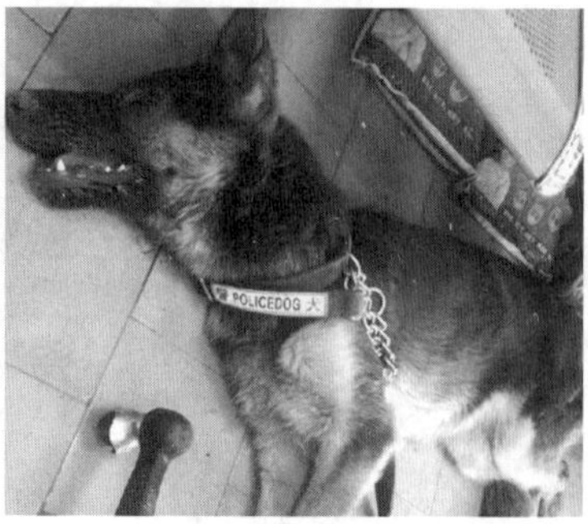

图 11-6　灭鼠药中毒的德国牧羊犬，倒地不起

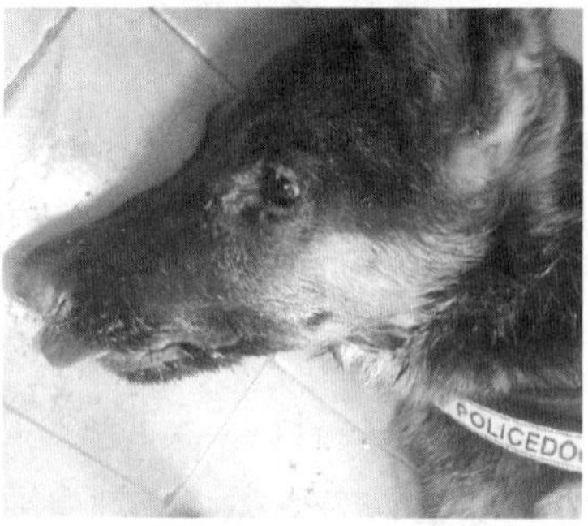

图 11-7　灭鼠药中毒的德国牧羊犬，舌部麻痹

3. 治疗

误食后应立即灌服 0.2%～0.5%硫酸铜催吐，也可用 5 片碳酸氢钠(0.5 g/片)洗胃，忌用硫酸镁或蓖麻油导泻，前者可与氯化锌生成卤碱，加重毒性。同时应采取对症治疗。

为防止酸中毒及保肝利胆，可静脉注射葡萄糖酸钙、乳酸钠及高渗葡萄糖。

(二)安妥中毒

安妥又称甲-萘硫脲，纯品为白色结晶，商品为灰色粉剂，通常将药配成 2%的毒饵毒杀老鼠。应用不慎则可引起畜禽安妥中毒。其口服 LD_{50} 为：犬 38 mg/kg，猫 500 mg/kg。由于老鼠拒食该药和产生耐药性，所以近些年来很少做毒鼠剂使用。

1. 发病机理

猫、犬捕食中毒鼠或鼠尸，也可发生二重中毒。安妥经胃肠道吸收后很快分布于肺、肝、肾和神经组织。安妥分子结构中的硫脲在组织器官中水解成 H_2S、NH_3 和 CO_2，可产生局部刺激作用，同时其水解产物通过交感神经系统阻断血管收缩神经，造成肺部微血管的通透性增加，导致肺水肿，从而引起严重的呼吸障碍。此外，安妥具有抗维生素 K 的作用，可抑制凝血酶原等维生素 K 依赖性凝血因子的生成，导致心、肝、肺等脏器出血。

2. 临床症状

犬猫误食后 15 min 到 2 h 出现中毒症状，病畜呕吐，流涎，水泻，继而呼吸困难，结膜发绀，咳嗽，听诊肺部有湿啰音，鼻孔有暗红色泡沫性鼻液。心音混浊，节律不齐，有的病畜表现兴奋不安，肌肉痉挛。常因循环衰竭和窒息而死亡。

3. 治疗

目前尚无特效解毒剂。一般采取对症治疗。应立即洗胃、催吐、导泻。洗胃用 0.1%高锰酸钾，忌用碱性溶液；静脉注射葡萄糖酸钙和可的松。动物实验表明，按每千克体重 1 mg 给予半胱氨酸，可降低安妥的毒性作用。此外，对安妥中毒的患畜还可根据病情给予强心、保肝和利尿剂。

(三)抗凝血杀鼠剂中毒

抗凝血杀鼠剂是目前使用最广泛、杀鼠效果最好、使用最安全的一类杀鼠剂。一般采用低浓度、多次投放。由于毒饵作用缓慢，不会引起鼠类拒食。抗凝血杀鼠剂有 30 多种，按化学结构分为香豆素和茚满二酮 2 类：前者有杀鼠灵、克灭鼠、杀鼠迷、溴敌鼠、敌拿鼠等；后者有敌鼠钠盐和杀鼠酮等。敌鼠钠口服 LD_{50}，犬、猫为 5～15 mg/kg。

1.病因

犬猫误食毒饵而发生中毒，还可因捕食中毒鼠或其尸体而发生抗凝血杀鼠药中毒。

2.发病机理

这类杀鼠剂毒性作用机制是竞争性抑制维生素 K_1 的作用，使得环氧化物还原酶活性降低，阻止肝脏产生凝血酶原及凝血因子Ⅶ、Ⅸ、Ⅹ，因而导致凝血因子的复合性缺乏，表现为凝血时间及凝血酶原时间延长。此外，杀鼠灵还可分解生成亚苄基丙酮，也可引起毛细血管损害，造成出血。

3.临床症状

潜伏期一般为 1～7 d，潜伏期的长短与毒物种类和中毒剂量有关。大剂量食入可在数小时之内发病。

口服抗凝血杀鼠剂后，病毒初期主要表现为：呕吐、腹痛、四肢无力。之后表现为多部位不同程度的出血症状。随着病情的发展，可发生自发性出血，如皮下紫斑，针刺后出血不止。粪便发黑，或出现血便、血尿，病畜一般死于出血性休克。

4.病理变化

全身大面积出血，多发生于皮肤组织，脑、腹腔等脏器；肝小叶坏死，心肌弛缓变软，心内外膜出血。

5.诊断

诊断主要依据以下几点：有灭鼠剂接触史；突发多部位、多脏器出血，凝血时间延长；可在中毒病畜的胃内容物检测到相应灭鼠剂；维生素 K_1 按照每千克体重 5 mg 剂量用 5%葡萄糖配成 5%混合液静脉注射，如为抗凝血杀鼠剂中毒，则凝血酶原时间在 24～48 h 内可明显改善。

6.治疗

口服中毒，应催吐，用 1%盐水或 0.1%高锰酸钾彻底洗胃或导泻。静脉注射维生素 K_3，犬、猫可用 2～10 mg。用葡萄糖配成 5%混合液静脉注射，也可肌肉注射，每 6 h 注射 1 次。猫还可用大量的远志根煎水内服。

给予大量的维生素 C，以降低毛细血管脆性和通透性，必要时最好同时给予维生素 B_1、维生素 B_{12} 和葡萄糖，并使用强心剂和利尿剂。

(四)毒鼠强中毒

鼠毒强俗称“没命鼠”“三步倒”“四二四”等，为有机氮化合物。纯品为白色粉末，是一种剧毒物质。我国已明令禁止生产和使用。

1.发病机理

畜禽因误食毒鼠强而发生中毒。毒鼠强经胃肠吸收后主要毒害中枢神经系统。它具有强烈的脑干刺激作用，可引起阵发性惊厥，其致惊厥作用可能是拮抗 γ-氨基丁酸(GABA)的结果，可能作用于 GABA 受体-离子载体复合物。GABA 对动物的神经系统具有广泛而强有力的抑制作用。毒物实验证实，毒鼠强可拮抗 GABA，导致惊厥，而对 GABA 的拮抗作用可能阻断 GABA 受体。

2.临床症状

犬猫误食毒鼠强或毒鼠强致死鼠尸体后 15 min 至 30 h 出现中毒症状。表现为恶心、呕吐、腹痛、腹胀、四肢无力、烦躁不安、突发惊厥，有时癫痫样发作。心脏、肝脏和肾脏受到损伤。常因强直性痉挛而导致呼吸肌麻痹、呼吸衰竭而死。

3.治疗

尽早清除胃内毒物，催吐、洗胃、导泻可明显减轻中毒症状。控制抽搐，可肌肉注射苯巴比妥钠。此外宜及时应用对症和支持疗法，防止脑水肿，保护心脏、肝脏，解除呼吸抑制，预防继发感染。

第四节 其他常见中毒病

一、蜂毒中毒

蜂类蜇刺动物并将其分泌的毒汁注入动物体内而引起中毒，称为蜂毒中毒。临床上以局部疼痛及水肿、血压下降、呼吸困难等为主要特征。

(一)病因

蜂并不主动袭击动物，但犬猫等动物不小心触动蜂巢时，群蜂被激怒会将其蜇伤。蜂毒是一种成分复杂的混合物，含多肽类、酶类和非肽类物质。毒力因蜂种类而异，以黄蜂的毒力最强，可引起局部疼痛、淤血及水肿、运动麻痹、血压下降，最终动物因呼吸麻痹而死亡。

(二)临床症状

蜇伤部位多发生在头部(图 11-8，图 11-9)。犬猫被刺伤后，蜇伤部位及其周围皮下组织立即表现热痛、淤血及肿胀，针刺肿胀部位流出黄红色渗出液。随后犬猫兴奋，体温升高。有的出现荨麻疹，严重时可发生过敏性休克。后期或重病例发生溶血，表现贫血，结膜黄染，血红蛋白尿，血压下降，心律不齐，呼吸困难等，往往因呼吸麻痹而死。

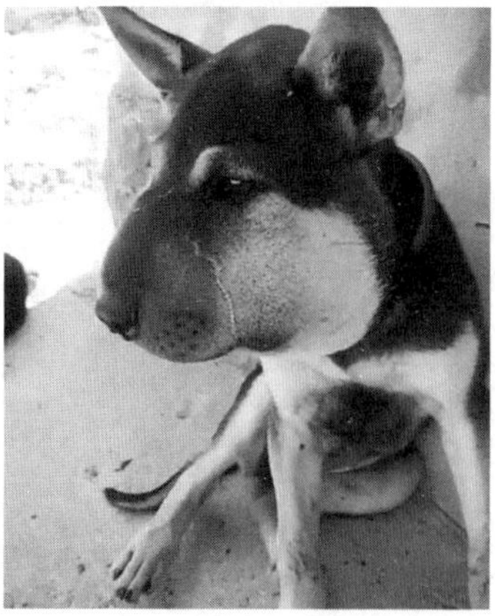

图 11-8 犬被蜜蜂蜇后脸部肿胀

图 11-9 猫鼻镜部被蜜蜂蜇后肿胀

（三）病理变化

常见喉头水肿，各实质器官淤血，皮下及心内、外膜有出血斑，脾脏肿大，肝柔软变性，肌肉柔软似煮肉样。

（四）治疗

若尚有毒刺残留，应立即拔出毒刺。局部用肥皂水、5%碳酸氢钠溶液冲洗，涂擦5%碘酊或氧化锌软膏，并用普鲁卡因青霉素封闭。肌肉注射苯海拉明 0.1～0.5 g 以脱敏、抗休克，还可用地塞米松或肾上腺素等。同时，静脉滴注 10%葡萄糖溶液、5%碳酸氢钠溶液、40%乌洛托品溶液、10%葡萄糖酸钙溶液及 B 族维生素、维生素 C 等，以促进保肝解毒。配合中药祛风解毒，有良好疗效。

二、汞中毒

汞中毒是由于动物食入汞及其化合物，或吸入汞蒸汽引起的中毒性疾病。临床上因汞剂侵入途径不同而表现为胃肠炎、支气管肺炎或肺水肿、皮肤炎、尿毒症或神经机能紊乱等病型。

（一）病因

农用或医用汞制剂（如氯化汞、磺化汞）保管和使用不当，被犬猫误食、舔吮或接触皮肤、黏膜而引起中毒。犬猫误食或偷食经有机汞农药处理过的种子，或被农药污染的饲料和饮水也可发生中毒。汞剂在常温下可升华产生汞蒸汽，可直接被犬猫吸入造成中毒。另外，无机汞在某些水中微生物作用下易形成甲基汞，被某些水生生物摄入后在体内蓄积，犬猫食入这些水生生物及其制品后发生中毒。

（二）发病机理

当汞制剂经皮肤、消化道或呼吸道进入动物机体后，释放汞离子刺激局部组织，分别引起皮肤炎、胃肠炎或支气管肺炎乃至肺水肿。当汞经肾脏、结肠和唾液腺排泄时，会造成严重的肾病、结肠炎以及口腔黏膜溃烂。汞还能与多种含巯基的酶蛋白结合，使之失去活性，阻碍细胞的正常代谢（如汞与金属硫蛋白结合形成的复合物达一定量时，可引起上皮细胞损伤，血管上皮损伤可产生出血，肾小管上皮损伤后导致肾病综合征）。汞化合物易溶于类脂质，排泄速度很慢，常大量沉积于神经组织内，造成脑和末梢神经变性。另外有机汞可通过胎盘屏障影响胎儿，还可通过乳汁传递给幼畜，引起幼畜肢端震颤，至死亡。

（三）临床症状

无机汞急性中毒不多见，呈重剧的胃肠炎症状。犬猫剧烈腹泻，通常在数小时内因脱水和休克而死亡。

1. 急性中毒

急性中毒较常见，因误食大量的汞及其化合物而发生中毒的犬猫，主要表现为流涎、呕吐、腹泻、腹痛，因吸入高浓度汞蒸汽而发生中毒的，主要表现为咳嗽、流泪、流鼻液、呼出气恶臭、呼吸困难，肺部听诊有广泛的捻发音、干性和湿性啰音。随着病情的发展，犬猫开始出现拱腰，排尿减少或排血尿，尿中含大量蛋白质，肌肉震颤，共济失调，后躯麻痹等肾病和神经症状，最后犬猫多在全身抽搐状态下死亡。

2.慢性中毒

慢性中毒是由于犬猫长期少量摄入汞及其化合物或少量多次吸入汞蒸汽而引起的中毒，中枢神经系统的症状最为突出。患病犬猫表现为口角流涎，精神沉郁，食欲减退，持续腹泻。神经症状主要包括兴奋、痉挛、肌肉震颤，有的发生咽麻痹而不能吞咽。随后发生共济失调，不能站立，全身抽搐，在昏迷中死亡。吸入汞蒸汽所致的中毒，还可发生支气管炎或支气管肺炎。病程常拖延数周。

以上两种类型的中毒发生后，犬猫往往因皮肤瘙痒而抓痒或啃咬，使皮肤出现出血、渗出，形成疱疹或脓疱。同时可见皮肤增厚、脱毛，出现鳞屑。

(四)病理变化

食入中毒者可见胃肠黏膜充血、出血、水肿、溃疡甚至坏死；吸入中毒者可见呼吸道黏膜充血、出血，支气管肺炎，甚至肺充血、出血，有的伴有胸膜炎；体表接触中毒者可见皮肤潮红、肿胀、出血、溃烂、坏死，皮下出血或胶样浸润。慢性中毒者可见脑及脑膜有不同程度的出血和水肿。

(五)诊断

根据犬猫与汞制剂或汞蒸汽接触的病史，结合临床症状和剖检变化不难做出初步诊断。确诊可根据饲料、饮水、胃肠内容物、尿液以及肾脏组织中的汞含量测定结果做出，一般当肾汞达 10～15 mg/kg 即可认定是汞中毒。

(六)治疗

可采取清除毒物和应用特效解毒药相结合的方法进行治疗。

(1)清除毒物：经口中毒者可用炭末混悬液或 2%碳酸氢钠洗胃。对摄入时间较长者应灌服豆浆等以减少汞制剂对黏膜的腐蚀作用。

(2)特效解毒药的应用：5%二巯基丙磺酸钠，按每千克体重 5～8 mg 肌肉或静脉注射，首日可隔 6～12 h 用药 1 次，次日起逐渐延长用药的间隔时间，7 d 为一疗程。或用 5%～10%二硫基丁二酸钠，按每千克体重 20mg 缓慢静脉注射，急性中毒者每天 3～4 次，连续3～5 d 为一个疗程。慢性中毒者每天 1～2 次，3 d 为一疗程，然后间隔 4 d。一般需 3～5 个疗程。另外配合强心、保肝、镇静、利尿、输液等对症治疗，有助于提高疗效。

三、百合中毒

百合又名强蜀、山丹、百合蒜、大师傅蒜、夜合花等，属于百合科百合属，是多年生草本球根植物，原产于中国，全球已发现有至少 120 个品种，其中 55 种产于中国。家养百合，犬大量采食百合后仅会发生胃肠不适，但猫只要食用少量的百合就会引起中毒(食入 2～3 片叶子或花的一部分即可引起猫死亡)，真正的中毒机制不清，其推测的机理是猫体内缺乏一种降解百合某种物质的酶，从而造成中毒。

第一例猫百合中毒报道于 1992 年，且几乎所有的百合均会引起猫的急性肾衰。其花和叶均对猫有毒，因此养猫家庭种植百合是很有风险的。

(一)发病机理

毒素进入机体后,会损伤肾小管上皮,最终引发急性肾衰。机体对毒素的清除最可能发生于前 48 h,并持续作用数天。真正的中毒机制不清,其推测的机理是猫体内缺乏一种降解百合某种物质的酶,从而造成中毒。

(二)临床症状

宠物猫百合中毒的症状表现为持续呕吐、厌食、消沉,甚至产生严重的肾损伤,导致肾功能衰竭;犬大量采食百合后仅会发生胃肠不适。

(三)治疗

在出现少尿性肾衰前进行液体利尿并持续 24～72 h 可明显防止可致死亡的肾衰。因此,猫百合中毒时,发现和治疗的时机、急性肾衰是否发生无尿是决定猫能否存活的重要指标。

猫百合中毒后没有特效的解毒药,一般的治疗方法都是采取输液,导尿,加快体液循环的方式,让毒素排出体外。

四、黄曲霉毒素中毒

黄曲霉毒素中毒是人畜共患的一种霉败饲料中毒病。该毒素主要引起肝细胞变性、坏死、出血,胆管和肝细胞增生。临床上以全身出血、消化机能紊乱、腹水、黄疸、神经症状等为特征。长期慢性小剂量摄入,还有致癌作用。

各种动物均可发生本病,但由于品种、性别、年龄及营养状况的不同,其敏感性也有差别。一般地说,幼年动物比成年动物易感,雄性动物比雌性动物易感。

(一)病因

黄曲霉毒素主要是黄曲霉和寄生曲霉等产生的有毒代谢产物。这些产毒霉菌广泛存在于自然界中,主要污染玉米、花生、豆类、大米等。黄曲霉毒素中毒的发生大多是因犬猫采食被上述产毒霉菌污染的花生、玉米、豆类,干果类中的核桃、杏仁、榛子,奶制品、干咸鱼、海米、干辣椒、干萝卜条等所致。黄曲霉毒素经口染毒对动物的半数致死量 LD_{50},犬为每千克体重 0.5～1.0 mg,猫为每千克体重 0.55 mg。

(二)发病机理

黄曲霉毒素随被污染的饲料经胃肠道吸收后,主要分布在肝脏,肝脏中毒素含量比其他组织高 5～10 倍,血液含量极微。该毒素的靶器官是肝脏,因而属肝脏毒。急性中毒时,使肝实质细胞变性坏死,胆管上皮细胞增生。慢性中毒时,导致动物生长缓慢,肝功能和组织发生变化,肝脂肪增多,可发生肝硬化和肝癌。

(三)临床症状

犬猫发病初期无食欲,生长缓慢,或逐渐消瘦,可见黄疸、精神不振和出血性肠炎。

(四)病理变化

肝实质细胞变性坏死,肝脏呈土黄色,肝硬化(图 11-10);脾肿大,边缘梗死(图 11-11);肾肿大,局灶性出血点(图 11-12);胃黏膜脱落,胃穿孔;肠系膜广泛性出血,肠道广泛性出血，浅表性溃疡；胰腺水肿；膀胱肌出血点。

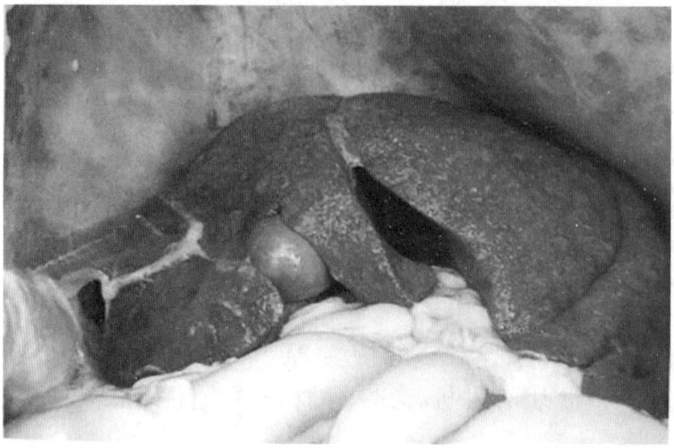

图 11-10　黄曲霉毒素中毒：患犬肝硬化，肝细胞变性坏死，胆囊黄染（马晓平）

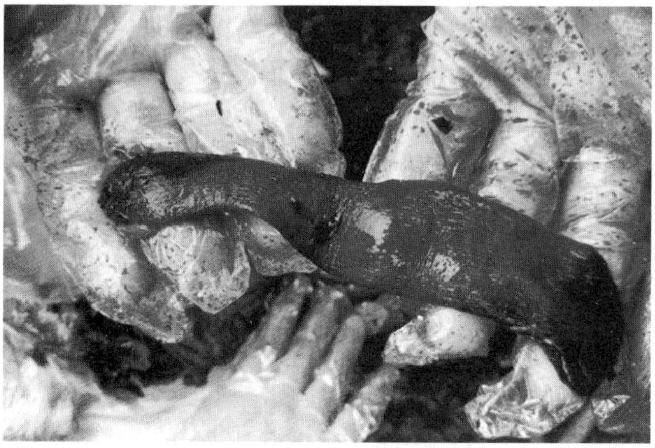

图 11-11　黄曲霉毒素中毒：患犬脾脏轻度肿大，边缘梗死（马晓平）

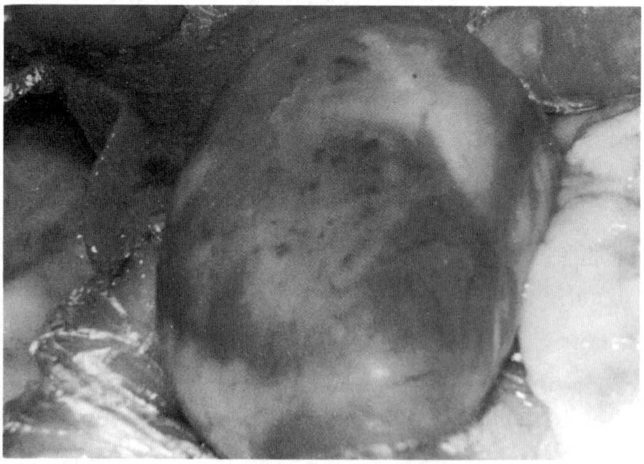

图 11-12　黄曲霉毒素中毒：患犬肾肿大，表面有出血斑（马晓平）

(五)诊断

从病史调查入手,结合临床表现(黄疸、出血性肠炎等)和病理学变化(肝细胞变性、坏死、增生,肝癌)等情况,可初步诊断。确诊需对饲料进行产毒霉菌的分离培养,测定饲料中的黄曲霉毒素含量。

(六)治疗

对本病尚无特效疗法。发现犬猫中毒时,应立即停喂霉败饲料。一般轻型病例,不给任何药物治疗。重度病例,应及时投服泻剂如硫酸钠等,加速胃肠道毒物的排出。同时,采取保肝和止血疗法,可用 20%~50%葡萄糖溶液、维生素 C、葡萄糖酸钙。心脏衰弱时,可皮下或肌肉注射强心剂。

五、双甲脒中毒

双甲脒,又名虫螨脒、阿米曲士,是新型甲脒类杀虫剂,具有广谱、高效、低毒等特点,常用于畜禽体外寄生虫(壁虱、疥螨和蜱等)的驱除,使用方法有喷、淋、涂、擦等,也广泛用于宠物门诊治疗。双甲脒具有高度脂溶性的特点,临床治疗效果好,成本低,易被宠物主人接受。但由于大部分宠物主人专业素质较低,双甲脒使用不当,经过皮肤渗透、毛细血管吸收后,可以通过血液迅速分布到全身各个器官和组织,造成犬猫双甲脒中毒。

(一)病因

犬猫经口染毒双甲脒的急性中毒量为 100 mg/kg。作用机理是双甲脒进入机体后与胆碱酯酶结合,使胆碱酯酶丧失活性,不能水解乙酰胆碱,从而乙酰胆碱在神经突触和效应器部位“蓄积”,结果延长与增强了乙酰胆碱在体内的作用,表现出胆碱受体被激动的效应,出现了烟碱样、毒蕈碱样症状。

(二)临床症状

犬:精神沉郁,数分钟后见流涎,食欲废绝,少尿,嗜睡,行走摇晃,不愿站立,口舌紫绀,微微张嘴,舌伸出口外、无力,饮水时出现大量泡沫性粘涎,瞳孔散大,体温升高。

猫:表现为精神萎靡不振,反应迟钝,四肢无力,肌肉松弛;皮肤发紫,尤以口唇、耳廓、指端明显;呼吸浅而短,药物进入体内 1 h 后,可出现神志不清,血压下降,尿频,尿急,尿疼和血尿等。

(三)诊断

结合双甲脒使用病史,采取的血样呈暗红、接近巧克力色。血涂片瑞士染色,可见红细胞边缘呈锯齿状可做出初步诊断。

(四)治疗

首先,宜尽早用药。双甲脒的拮抗剂有育亨宾(0.1 mg/kg)或阿替美唑(0.1 mg/kg),高浓度可起预防作用。无以上两种药品时,可使用阿托品和氯磷定缓解神经症状。其次,有效解救药物有强力解毒酶、美蓝、果糖二磷酸钠、异丙基肾上腺素等。

双甲脒作为一种广谱的杀寄生虫药,使用时一般 1 支(规格 12.5%、10 mL/支)对水

5 L,药浴或者喷淋,局部效果明显。不过对犬猫的驱虫用药一定要谨慎,须根据药物说明书用药,切勿擅自加大用药量。对不同犬种,用药也是有选择性的,有些犬种如小型的吉娃娃犬,禁用双甲脒药浴(因为双甲脒可透过吉娃娃犬的血脑屏障,引起吉娃娃犬的中毒)。

第十一章彩图

参考文献

[1] Lluis Ferrer. Canine and Feline Skin Cytology[M]. Cham: Springer Internation Publishing Switzerland,2017.

[2]"宠医邦",http://www.vetgroup.cn/forum.php,20191001.

[3] 韩博,等. 犬猫疾病学[M]. 北京:中国农业大学出版社,2017.

[4] 胡延春,等. 犬猫疾病类症鉴别诊疗[M]. 北京:中国农业出版社,2010.

[5] 王小龙,等. 畜禽营养代谢病和中毒病[M]. 北京:中国农业出版社,2016.

[6] 房文斌,游丽珍,陈红. 母犬低血糖症的诊治[J]. 中国兽医杂志,1997,23(8):41.

[7] 王瑞平. 犬低血糖的诊断与防治[J]. 吉林畜牧兽医,2009,30(5):56-57.

[8] 卢劲晔,庄玉婷,顾蓓蓓,等. 犬猫肥胖症的诊治[J]. 2017(3):20-22.

[9] 卢显德. 犬产后急痫及其仔犬低血糖症的综合诊治[J]. 兽医导刊,2008(3):49.

[10] 李鹏伟,仝宗喜. 79 例幼犬低血糖症的诊治体会[J]. 黑龙江畜牧兽医,2011 (5):98-99.

[11] 顾玉泉,叶智生. 宠物犬营养代谢病的调查及防治措施[J]. 中国畜牧兽医文摘,2013,29(12):107.

[12] 申开梅. 引起犬营养代谢病的病因分类和治疗措施[J]. 中国动物保健,2000 (8):62-64.

[13] 张乃生,杨正涛,郭梦尧. 犬营养代谢病[J]. 中国比较医学杂志,2010,20(11):126-128.

[14] 王旦庭,胡仕福. 母犬低血糖症的防治对策[J]. 畜牧兽医科技信息,2007,(5):75.

[15] 江军. 母犬产后搐搦症的防治方法[J]. 浙江畜牧兽医,1999(2):39.

[16] 李子光,孟青峰. 宠物犬食盐中毒的诊疗技术[J]. 安徽农学通报,2008,14(22):141-142.

[17] 刘敬苍. 猫食盐中毒二例[J]. 中国兽医杂志,1988,14(2):41.

[18] 刘明堂. 26 例猫食盐中毒的诊疗[J]. 中国兽医杂志,1995,21(4):25.

[19] 顾建良. 一例宠物猫食盐中毒病的诊治[J]. 上海畜牧兽医通讯,2011(6):94.

[20] 巨万波. 犬食盐中毒的治疗方法与注意事项[J]. 浙江畜牧兽医,2014(2):38.

[21] 苏炳宽,郭建玲,张辉夏. 季谨防犬食盐中毒[J]. 吉林畜牧兽医,2012(3):59.

[22] 张亦弛,姚学军,王天坤. 犬猫糖尿病的诊断治疗研究[J]. 当代畜牧,2015(12):75-76.

[23] 古丽拜热木·艾买提江. 犬巧克力中毒的诊治[J]. 中国畜牧兽医文摘,2013,29(7):

163.
[24] 张广强. 犬巧克力中毒的诊治[J]. 畜牧与兽医,2016,48(2):143.
[25] 田启超,马世波,刘冬宠,等. 犬洋葱中毒的诊疗病例[J]. 中国兽医杂志,2015,51(3):97.
[26] 王红军. 犬洋葱中毒的诊治[J]. 兽医导刊,2015(11):78.
[27] 季珉珉,许建国,蒋晓新,等. 犬洋葱中毒诊治[J]. 四川畜牧兽医,2015(2):51.
[28] 相启安,原英梅,葛春艳. 一例比熊犬有机磷杀虫药中毒的诊治[J]. 特种经济动植物,2017(11):14.
[29] 柳荣军,孙建辉. 拟除虫菊酯类农药中毒 61 例[J]. 实用医药杂志,2014,31 (8):766.
[30] 李艳红. 拟除虫菊酯类中毒患者护理策略的研究进展[J]. 当代护士(下旬刊),2015(1):18-20.
[31] 陈花,王琦,黄爱民,等. 犬双甲脒中毒的诊治与体会[J]. 黑龙江畜牧兽医,2013(6):103-104.